肥料施用
技术问答

马星竹　周宝库　等编著

U0194352

化学工业出版社
·北京·

本书针对当前农业生产上肥料使用中存在的相关问题，以"实用、新颖、安全、科学"为编写指导思想，以问答的形式详细介绍了施肥基本知识、肥料性质和主要作物施肥技术，重点介绍了新型肥料、有机肥料、有机无机复合肥等施用技术。内容先进，新颖实用，可操作性强。

　　本书可供广大农民，基层农业技术人员，农业合作社人员，肥料销售与生产、研发相关人员，农业院校土壤肥料等相关专业师生阅读。

图书在版编目（CIP）数据

　　肥料施用技术问答/马星竹等编著. —北京：化学
工业出版社，2020.1（2025.2重印）
　　ISBN 978-7-122-35505-8

　　Ⅰ.①肥…　Ⅱ.①马…　Ⅲ.①施肥-问题解答
Ⅳ.①S147.2-44

　　中国版本图书馆 CIP 数据核字（2019）第 247342 号

责任编辑：刘　军　张　艳　　　　　　　文字编辑：向　东
责任校对：宋　玮　　　　　　　　　　　装帧设计：关　飞

出版发行：化学工业出版社（北京市东城区青年湖南街 13 号　邮政编码 100011）
印　　装：涿州市般润文化传播有限公司
880mm×1230mm　1/32　印张 7½　字数 209 千字
2025 年 2 月北京第 1 版第 3 次印刷

购书咨询：010-64518888　　　　　售后服务：010-64518899
网　　址：http://www.cip.com.cn
凡购买本书，如有缺损质量问题，本社销售中心负责调换。

定　　价：29.80 元　　　　　　　　　　　版权所有　违者必究

本书是在 2011 年出版的《化肥施用技术问答》的基础上，经过内容调整和增补而成的，补充了实用性较强的一些技术和成果，删减了已经被替代的技术，书名更改为《肥料施用技术问答》。

　　施肥是农业生产中一项重要的技术措施，实现高产、优质、高效的农业离不开合理的施肥技术。笔者根据多年的科研和生产实践体会认为，合理施肥必须掌握施肥的理论和技术，有效地用好肥料，为保障粮食安全提供技术和理论支撑。

　　本书分三个章节，以问答的形式介绍了肥料施用基础知识、肥料性质及施用以及主要作物施肥技术。第一章为肥料施用基础知识，共收集了 45 个关于肥料及施用方面的问题；第二章为肥料性质及施用，分别介绍了化学肥料、有机肥料、生物肥料、微量元素肥料以及其他新型肥料的性质、作用、施用技术和相关注意事项，共收集了 165 个问题；第三章为主要作物施肥技术，重点介绍了水稻、玉米、小麦、马铃薯等粮食作物施肥技术，同时介绍了蔬菜、果树、麻类等作物的需肥特点和施肥技术等，共收集了 154 个问题。其中马星竹、周宝库编写第一章的内容，马星竹、周宝库、李一丹、郝小雨编写第二章的内容，马星竹、郝小雨、迟凤琴编写第三章的内容。

　　感谢张秀英老师给予的指导意见和建议。

　　由于时间仓促，加之编写人员水平有限，书中疏漏与不当之处在所难免，敬请广大读者批评指正。

编著者

2019 年 7 月

目 录

第三章 主要作物施肥技术 ········· **114**

肥料施用基础知识

1. 作物生长需要哪些养分？

作物体内有 80％ 左右是水分，20％ 左右是干物质。组成干物质的化学元素有几十种，其中十六种，即碳、氧、氢、氮、磷、钾、钙、镁、硫、铁、锰、铜、硼、锌、钼、氯，是作物生长不可缺少的营养元素，对作物的生长发育各有不可代替的作用。

碳、氧、氢是构成作物体的有机物质（如纤维素、淀粉、蛋白质、糖、脂肪、有机酸、维生素等）的主要成分。

氮、磷、硫是作物细胞里蛋白质的组成成分，对作物细胞的增长和分裂起着重要作用。

钾、钙、镁对作物体内有机物质和养分的合成、转化与运输起着重要作用。

铁、锰、硼、铜、锌、钼与作物体内酶的形成有密切关系，对调节作物的新陈代谢有重要的作用。

作物需要的 16 种主要元素中，以碳、氧、氢占作物体干物质重的 95％ 左右，其主要来源是空气和水。作物靠叶从空气中吸收二氧化碳，靠根从土壤中吸收水分，从而获得充分的碳、氧和氢。

作物需要量较大的氮、磷、钾、钙、镁、硫，占作物体干物质重的 4.5％ 左右。这些元素要靠作物从土壤中吸收，土壤里如果缺乏这些元素，就会影响作物的正常生长。一般来说，土壤里比较难满足作物需要的是氮、磷、钾三种元素，通常称之为"肥料三要素"，作物常常由于缺氮、缺磷或缺钾而生长发育不良。所以，农业上最常用的就是氮、磷、钾肥。

铁、锰、硼、铜、锌、钼六种元素叫作微量元素，作物需要的量很少，占作物体干物质重的万分之几或百万分之几。作物需要微量元素的数量虽少，但缺乏时也会影响生长。因此，在缺乏微量元素的土壤上施用含微量元素的肥料也是有必要的。其余的各种元素，有的是个别作物所必需的（如水稻需要硅、甜菜需要钠等），有的是由于土壤中存在，可随水吸入作物体内。

2. 什么是化肥？化肥有什么特点？

化肥是化学肥料的简称，是以矿物质、水、空气为原料，经化学及机械加工制造而成的肥料，包括氮肥、磷肥、钾肥、微肥、复合肥料等。

化肥和有机肥料相比，具有如下特点：

① 营养成分含量高。如尿素含氮 46%，硝酸铵含氮 34%，过磷酸钙含磷（P_2O_5）$16\% \sim 18\%$。而纯马粪含氮只有 $0.4\% \sim 0.5\%$，含磷只有 $0.2\% \sim 0.35\%$。单位化肥含有的营养元素相当于有机肥料的几十倍至几百倍。

② 肥效快。多数化肥是水溶性或弱酸溶性的，施入土壤后能迅速被作物吸收利用。

③ 养分种类单一。化肥营养元素种类不像有机肥那么多，每种化肥一般只含一种元素，最多两三种，而作物正常生长发育需要十几种营养元素，所以化肥最好和有机肥料配合使用。

④ 施用方法不当时，容易造成烧籽烧苗现象。多数化肥由于养分浓度高、溶解度大，如直接接触种子或根系，容易造成烧籽烧苗现象，施用时必须注意。

3. 什么叫生理酸性肥料？什么叫化学酸性肥料？

肥料中含有被作物吸收利用较多的阳离子和被作物利用较少的酸根，当作物吸收阳离子以后，把酸根留在土壤溶液中，使土壤酸度增加，这种肥料称为生理酸性肥料。常见的生理酸性肥料有硫酸铵、氯化铵、硫酸钾、氯化钾等。所以生理酸性肥料是当作物将其中的主要营养成分吸收利用之后，才显示出明显的酸性性质。也有一些肥料，其本身就具有很强的酸性，如普通过磷酸钙，pH 值为 3～4，这种本身就具有强酸性质的肥料，叫作化学酸性肥料。

在碱性土壤上，经常施用化学酸性肥料和生理酸性肥料，都有逐步改善土壤性质的作用。反之，在酸性土壤上，经常施用这些酸性肥料，对土壤是不利的。

4. 什么叫生理碱性肥料？

肥料中含有被作物吸收利用较多的酸根和被作物利用较少的金属离子。当作物吸收了酸根后，将金属离子残留在土壤中，使土壤溶液变成碱性，这类肥料就是生理碱性肥料。生理碱性肥料本身的化学性质不一定是碱性的，如硝酸钠、硝酸钙、磷酸钠等，只是由于作物选择性吸收的结果引起了土壤碱性化。所以生理碱性肥料施在酸性土壤上，除有肥效作用外，还有调节土壤酸碱度的作用。有一些肥料本身呈碱性，如氨水、液氨、钙镁磷肥等，叫作化学碱性肥料。总之，生理碱性肥料和化学碱性肥料一样，都不适于施在碱性土壤上。

5. 什么叫肥料利用率？

肥料利用率又叫肥料回收率，也就是所施的肥料成分被作物吸收的占了多少，通常用百分数表示。比如说尿素的利用率为 30%，就是指施用的尿素含有 50 千克氮素，被作物吸收利用了 15 千克。据测定，我国目前常用的几种化肥的利用率为：碳酸氢铵（简称碳铵）24%～32%，尿素 30%～35%，硫酸铵 30%～45%，过磷酸钙 15%～20%。

计算肥料利用率一般采用以下公式：

肥料利用率＝

$$\frac{\text{施肥区收获物中某种元素含量－未施肥区收获物中某种元素含量}}{\text{施用的肥料中某种元素含量}} \times 100\%$$

再直接一点的计算方法是

$$\text{肥料利用率} = \frac{\text{每亩粮食增产量} \times \text{某种元素含量} \times 2}{\text{亩施肥量} \times \text{有效成分含量}} \times 100\%$$

最精确的计算方法是应用同位素法测定作物吸收肥料的实际数量。

6. 什么叫速效性肥料？什么叫缓效性肥料？

化合物根据溶解的快慢、溶解度的高低以及分解速度的差别，分为速效性肥料和缓效性肥料。如尿素易溶于水，是速效性氮肥，而甲醛尿素不易溶解，所以是缓效性氮肥。有时为了延缓肥效，把易溶肥料加上包衣，使之溶解速度放慢，成为缓效性肥料，又叫长效性肥料。

7. 什么叫光合作用？光合作用和养分吸收有什么关系？

光合作用又叫碳素同化作用，是绿色植物利用太阳光能，吸收的空气中的二氧化碳和从根部吸收的水以及营养物质，在叶绿素的存在下，合成有机的碳水化合物并放出氧气的过程。

植物体的生长，包括植物根群的生长，都是以光合作用产物为基础。首先是根群的生长和扩展，能直接增强植物吸收水分和养分的能力与范围，而且光合作用和养分吸收之间的关系更重要在于，光合作用能将从根部吸入植物体内的含氮、磷等的无机盐类合成有机物质，不断地降低植物体内汁液中无机盐类的浓度，从而有利于无机盐类不断地进入植物体内。试验证明，减弱光合作用会明显地降低根吸收养分的能力和吸收养分的数量。

8. 什么叫呼吸作用？呼吸作用和养分吸收有什么关系？

植物和动物一样，也是要进行呼吸的。植物吸入氧气，呼出二氧化碳，借以氧化其体内存在的具备化学能量的有机物质，利用这种能量进行机体的各种生命活动。

植物和动物呼吸作用不同的地方在于，植物没有专门的呼吸器官，而是周身接触空气的地方都有换气的功能。特别是根部，由于埋在土中或水中接触新鲜空气的机会少，因而有时会因空气不足而影响其生命活动能力。在这种情况下，根的呼吸作用受阻，进而明显地影响植物对无机养分的吸收。水培试验证明，如果不向培养液中通入空气，植物的根部就会因窒息而不能充分地吸收利用培养液中的养分。

9. 什么叫蒸腾作用？蒸腾作用和养分吸收有什么关系？

蒸腾作用又叫蒸散作用，是植物把从根部吸收的水分以水蒸气的形式从叶面或茎的表面向空气中散出的作用。蒸腾作用要消耗汽化热，从而防止植物叶部因日光直射、温度升高而遭受损害。更重要的是，由于蒸腾作用消耗水分，促进了根部的吸水作用，因而也就增加了土壤中无机养分移向作物根际的动力和进入根内的机会。

10. 什么叫氨化作用？

在耕层土壤中，常常生存着一种叫作氨化细菌的土壤微生物，这种微生物能将土壤中的有机质和施入的有机肥或尿素中的酰胺态氮素分解生成氨态氮，这种作用叫氨化作用。氨化作用是土壤中的有机物或施入的含氮有机物进行矿化作用的最初过程。氨化作用进行的强度和速度与含氮有机物中碳氮比（C∶N）、土壤酸碱度、微生物生命活动条件（温度、水分等）因素有关。一般在有机物中的含氮量达到1.8%以上时，就会发生氨化作用。当土壤水分为田间持水量的60%～80%，土壤呈中性反应，温度在28～30℃，碳氮比小于25时，最适于氨化作用的进行。

氨化作用是有机态氮分解转化成为可被作物吸收利用的无机态氮的过程。但如果氨化作用过强，使局部土壤氨浓度增高，在覆土不严的情况下，往往会造成氨的挥发损失。

11. 什么叫硝化作用？

土壤有机质或施入的有机肥经氨化作用而生成的氨，或者施入土壤的铵态化学氮肥，在一定的温度、湿度和通气条件下，受土壤中的亚硝酸菌和硝酸菌的作用变成亚硝酸态氮，进一步变成硝酸态氮，这个过程叫作硝化作用。狭义的硝化作用，是指从亚硝酸态氮生成硝酸态氮的过程。但由于前段从氨到亚硝酸态氮的变化过程极为短暂，所以就把从铵态氮经过亚硝酸态氮到硝酸态氮的整个过程，广义地都叫硝化作用。

硝化作用是一种氧化作用，只有在通气良好的条件下，才能顺利进行。耕作、排水等措施都能促进通气，有利于硝化作用的进行。

硝化作用在疏松、温暖而湿润的耕层土壤中能迅速进行，并随着温度的升高而增加，在 25～30℃ 时达到高峰。当土壤温度低于 4～5℃ 时，硝化作用便进行得很慢。土壤含水量也明显地影响硝化作用的速率，当土壤水分达田间持水量的 60％ 左右时，硝化作用最旺盛。

12. 什么叫反硝化作用？

反硝化作用是指在土壤通气状况不佳时，土壤微生物将亚硝酸根离子（NO_2^-）和硝酸根离子（NO_3^-）还原成氮气（N_2）或氧化亚氮（N_2O）、一氧化氮（NO）的过程。反应式为：$NO_3^- \rightarrow NO_2^- \rightarrow NO \rightarrow N_2O \rightarrow N_2$。反硝化作用是多数土壤产生 N_2O 气体的主要过程。

13. 什么是根外追肥？怎样进行根外追肥？

根外追肥又叫叶面喷肥，就是把固体肥料制成溶液喷于叶表。叶子通过表皮细胞和气孔将肥料吸入体内，由于肥料不施于土壤，又不通过根部吸收，因而这种追肥法称为根外追肥。

根外追肥有许多优点：一是肥料不经过土壤，可避免变换、渗漏、固定等损失，所以肥料利用率较高；二是根外追肥用肥量少，单位肥料的增产率比土壤施肥高，施肥的经济收益较大；三是能解决作物生育中后期的缺肥而又难于进行土壤追肥的问题，特别是当作物根系吸肥能力衰退之后，根外追肥的效果往往比土壤追肥更好。但是，根外追肥也有一定的局限性：一是进行根外追肥时要求的外部条件比较严格，比如空气湿度、温度、降雨等，条件不适宜时，追肥效果不好；二是需要一定设备，特别是大面积进行时最好用飞机、喷雾车等。另外，为了避免叶片烧伤，对溶液的浓度和喷洒量有一定的限制，所以根外追肥只能作为一种补充措施。

根外追肥一般在地面覆盖度达 60％ 以上时才能进行，如特殊需要可随时进行。一般每公顷每次喷肥液 600～900 千克，喷 2～3 次，每次间隔 10～15 天。喷肥最好在早晨和傍晚进行，喷肥期的空气湿度以 40％～50％ 为宜，干旱而炎热的天气不宜进行。喷肥后 6 小时内如果降雨则必须重喷。

用飞机喷洒农药时常常可以顺便进行根外追肥。飞机根外追肥由于用水量小，可按每公顷的喷肥量计算，适当增加溶液浓度。

14. 什么叫报酬递减律？与合理施肥有什么关系？

当土壤中的植物养分不足，已成为进一步提高作物产量的限制因素时，施肥就可以明显地提高作物的产量。但在施肥量由低到高递增的过程中，作物的增产效应并不是按比例上升的。最初的增产率比较高，但当施肥量增加到一定程度后，增产率就逐渐缩小了，这一现象叫作报酬递减律。报酬递减律通常是以技术条件不变为前提的。

所谓合理施肥，不仅要求获得较高的单位面积增产量，而且还要求每一单位肥料投资具有尽可能高的经济效益。因此单位面积产量最高的施肥量，往往不是经济收益最大的施肥量。一般最佳施肥量都低于产量最高的施肥量。特别是耕地面积较大、化肥供应量较少的生产单位，如还不能做到全面施肥，就应避免集中高量施肥，而要尽量扩大施肥面积，这是有利地提高化肥增产效益的一种做法。

前面说过，报酬递减律是一定条件下的相对规律，不断改善各项农业技术，就能在不断提高施肥水平的条件下，增加施肥的经济效益，同时也可以把经济合理的施肥量推向更高水平。

15. 什么是最小养分律？

最小养分律是植物无机营养学说的创始人、德国化学家李比希提出来的。他认为要使植物正常生长，就必须具备各种无机养分，而且它们的数量是要有一定比例的，如果其中某一养分的数量不足，植物的生长发育和产量就要受这一不足的养分的限制，而与其他养分无关，这就是最小养分律。后来有人把这个学说加以发展，认为在作物栽培的各种自然条件和人为条件中，任何一项最短缺的条件，就是限制作物产量最关键的因素，只有改变这一条件，才能取得最明显的增产效果。如果不把最短缺的条件补充上去，无论怎样提高别的条件，都不会取得很大的效果，这样最小养分律就成了"最小律"。

16. 什么叫固氮作用？

把空气中的分子态氮素（也叫游离态氮素）转变为氮素离子，并同其他元素结合成一种含氮化合物的作用叫固氮作用。因为一般高等植物都不能直接吸收利用空气中的分子态氮素，但能吸收利用某些含氮化合物中的氮素，所以固氮作用对农业生产和生物的生活都有重要的意义。

固氮有两种途径：一种是工业固氮，目前各种氮肥工厂就是利用催化剂使空气中氮气和氢气化合生成氨，进而制成尿素、碳酸氢铵、硝酸铵等含氮化肥；另一种是生物固氮，就是固氮微生物在土壤里把空气中的氮素转化为含氮化合物，或直接供给农作物吸收利用，或贮存在土壤中，以增加土壤肥力。固氮微生物主要是固氮菌。固氮菌可分两类：一种是同高等植物共生的，叫共生固氮菌（如大豆根瘤菌、豆科牧草根瘤菌等）；另一种是自生固氮菌。农业上常采取豆科植物接种根瘤菌，或向土壤或有机肥料中接种自生固氮菌，或改善土壤中固氮微生物的生活条件等方法，以促进其增殖和固氮活动的措施，给农作物提供更廉价的氮素营养物质。

17. 什么叫配方施肥？

配方施肥以肥料田间试验和土壤测试为基础，根据作物需肥规律、土壤供肥性能与肥料效应，在合理施用有机肥料的基础上，提出氮、磷、钾及中、微量元素等肥料的施用品种、数量、施用时期和施用方法。

配方施肥是国内施肥技术上的一项重大改革。自 1980 年开始，配方施肥的试验、示范、推广工作在全国各地开展，多年的生产实践证明，实行配方施肥既能提高肥料利用率获得增产，又能改善农产品质量，提高农业经济效益、生态效益和社会效益，是一项增产节肥、节支增收的施肥技术，一般增产率为 10%～15%，高的可达 20%～30%以上。配方施肥运用土壤测试技术和肥料效应田间试验相结合的方法，具有科学性和实用性，使科学施肥水平提高到一个新的高度。

18. 配方施肥包括哪些内容？

配方施肥包括"配方"和"施肥"两个程序。

配方，是根据土壤、作物状况，产前定肥、定量。目标产量确定后，按产量的要求，估算作物需要吸收多少氮、磷、钾，根据土壤养分的测试值计算土壤供肥情况，以确定氮、磷、钾肥料的适宜施用量。如土壤缺少某一微量元素或作物对某种微量元素反应敏感，要有针对性地适量施用这种微量元素肥料。肥料配方还应包括一定数量的有机肥料，以保持地力的稳定与提高。

　　施肥，根据配方确定的肥料品种、用量和土壤、作物特性，合理安排基肥和追肥比例，施用追肥的次数、时期、用量和施肥技术，以发挥肥料的最大增产作用。

19. 配方施肥的理论依据是什么？

　　配方施肥是一项科学性强的综合性施肥技术，其理论根据如下：

　　① 作物增产曲线证明了肥料报酬递减律的存在，对某一种农作物的施肥量都存在一定的限度。在缺肥的中、低产地区施用肥料增产幅度大，而高产地区施用肥料的技术要求则比较严格。肥料的过量投入，不论是哪类地区，都会导致肥料效益下降以致减产。因此，确定最经济的施肥量是配方施肥的核心。

　　② 作物生长、发育所需要的各种营养元素之间存在一定的比例关系。有针对性地解决限制当地产量提高的最小养分，协调各种营养元素之间的比例关系，纠正单一施肥，实行氮、磷、钾、微量元素肥料配合施用，发挥各种养分之间的相互促进作用，是配方施肥的重要依据。

　　③ 配方施肥解决了农作物需肥与土壤供肥的矛盾。农作物在生长过程中，不断地消耗土壤中的养分，同时也消耗土壤中的有机质。因此，正确地处理好农家肥料和化学肥料的投入与农产品产出、用地与养地的关系，是提高农作物产量和产品质量、提高土壤肥力的重要措施。

　　④ 配方施肥是一套综合性的技术体系。配方施肥虽然以确定不同养分的施用量为主要内容，但为了发挥肥料的最大增产效益，施肥必须与良种选用、耕作制度、气候等影响肥效的多种因素相结合，形成一整套完整的技术体系。

20. 什么是地力分级配方方法？

　　从国内当前的具体情况出发，配方施肥还没有条件落实到每家每户，因此可采用分片指导的方法，以县级、乡镇级、村级等为单位。例如在一个地力等级的范围内，以县、乡或村作为一个配方区，土壤肥力应作为分级的基础。按照土壤肥力的高低，把土壤分成若干个等级，或划出一个肥力均衡的田块作为一个配方区，利用土壤普查资料和过去的田间试验结果，结合农民的实践经验，估算出这一配方区的适宜的肥料种类和施用量。

地力分级配方法的优点是有针对性，提出的用量和措施符合当地条件，推广的阻力比较小。但其缺点是有地区局限性，较多依赖于经验，适用于生产水平差异小、基础较差的地区。在推广过程中，必须结合科学试验，逐步扩大科学测试手段和理论指导的比重。

21. 什么是目标产量配方法？

目标产量配方法是根据作物产量的构成，由土壤和肥料两个方面供给养分的原理来计算肥料的施用量。

目标产量就是计划产量，应根据土壤肥力来确定，因为土壤肥力是决定产量高低的基础。先做田间试验，用不施任何肥料的空白区产量和最高产量区（或最经济产量区）产量进行比较，在不同土壤条件下，通过多点试验获得大量的成对产量数据，以空白产量作为土壤肥力的指标，用 X 表示自变量，其最高产量（或最经济产量）用 Y 表示为应变量，求得一元一次方程的经验公式：

$$Y = a + bX$$

式中，a 为回归直线在纵坐标上的截距；b 为回归系数，即回归直线的斜率。

应用上述公式，只要取得当地不施肥产量 X，就可以求得目标产量 Y。

在推广配方施肥时，常常不能预先获得不施肥产量。可以当地前三年作物的平均产量为基础，增加 10% 左右作为目标产量。目标产量确定后，计算作物需要多少养分，再根据土壤供肥量确定施用的各种肥料量。

22. 如何预测实现目标产量所需的化肥数量？

要准确地预测实现目标产量所需的化肥数量，主要根据三个指标：①化肥在粮食增产中的贡献率；②单位肥料的增产量（即肥效）和增产潜力；③改善施肥环境对提高肥效的作用。

粮食增产是由良种、施肥、灌溉、病虫害防治、田间管理、先进技术等综合因素形成的，化肥在粮食增产中所占的份额就是化肥贡献率。在正常生产条件下不施化肥，作物产量依靠吸收土壤养分形成，这就是地力产量。

1千克化肥能增产多少粮食是需肥预测的第二个重要依据，但1千克化肥的实际增产差别很大，在生产中应充分地发挥其增产潜力，如通过调整施肥量及肥料结构，改进施肥技术等措施，从而进一步提高施肥效率。许多地区盲目施用磷酸二铵，造成氮磷比例失调。长期施用氮磷肥，配合施用钾肥不仅能提高产量，还能提高氮磷肥肥效，改善产品品质。

施肥环境对施肥效益的影响很大，所谓施肥环境是指与肥效发挥相关的各种自然条件和农业生产条件，以及科学种田水平和劳动力素质等。随着整个国民经济的发展，各种条件都将不断改善和提高，这必将对发挥化肥的增产效果和提高化肥投入产出效益产生积极影响。

23. 什么是肥料效应函数法计量施肥？

肥料效应函数法是建立在田间试验和生物统计基础上的配方施肥法，它不用化学或物理手段去揭示农田土壤的养分供应量、农作物需肥量和肥料利用率等参数，而是借助于田间试验，通过输入（肥量）与输出（产量）之间的数学关系，配置出一元或多元肥料效应方程，由此再计算出施肥量，这是以"黑箱"理论为依据的数学方法。把农作物产量（Y）视为施肥量（X）的函数：

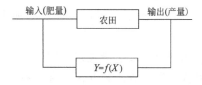

描述施肥效应曲线或曲面的方程称为肥料效应回归方程。根据该方程不但可以直接看出不同元素肥料的增产效应，以及各种元素之间配合施用的联合效果，而且还可以分别计算出最高产量的施肥量、最佳施肥量和最大利润施肥量，并作为建议施肥的依据。

肥料效应函数法指导施肥的优点是能够客观地反映影响肥效诸因素的综合效果，精确度高，反馈性好；缺点是有地区局限性，需要在不同地区、不同土壤、不同作物上进行多年多点试验后方可实施。

24. 利用地力差减法确定施肥量需要掌握哪些参数？

用施肥来补充作物的目标产量所需要的养分量与土壤可供应养分量之差，以获得目标产量的方法叫地力差减法。作物在不施任何肥料情况下的产量称为空白产量，它所吸收的养分全部来自土壤，产量的高低表示土壤供肥能力的大小。从目标产量中减去空白产量，就是施肥所得的产量。地力差减法计算需肥量的公式：

$$需要肥料量 = \frac{作物单位产量的养分吸收量 \times (目标产量 - 空白产量)}{肥料中养分含量 \times 肥料当季利用率}$$

这种计算方法的优点是不需要进行测土，不足之处在于空白产量是上年（或上季）获得的，它和本年（或本季）空白产量有些差距，因此在指导施肥时只能作为一个近似值。

25. 什么是土壤养分丰缺指标法配方施肥？

土壤养分丰缺指标的含义：利用土壤养分测定值和作物吸收养分之间的相关性，通过田间试验，把土壤养分测定值以一定的级差分等，制成不同作物养分丰缺和应施肥料数量检索表，在指导施肥时，取得土壤实测值后，就可以对照检索表，按级确定肥料施用量。丰缺指标用毫克/千克表示，它与作物相对产量相对应。土壤养分测定值只是表示土壤养分的丰缺程度，而不是表示具体供应作物营养的绝对量。这种方法是属于定性或半定量的性质。丰缺指标一般划分为丰富、中等、缺乏等若干等级。

丰缺指标的具体划分，通过设置多点田间试验进行。

例如，玉米以氮、磷、钾肥料和氮、磷肥料两个处理，前者为完全区，后者为无钾肥区，玉米产量受土壤有效钾含量制约。成熟后准确计产，以各区相对产量（N、P 处理产量/N、P、K 处理产量）为纵坐标（Y），对应田块土壤有效钾的测定值（毫克/千克）为横坐标（X），制成散点图，再对各对应值进行回归设计，得一回归曲线。试验同时要分析各区土壤有效钾含量，以毫克/千克表示。因产量受土壤有效钾含量的制约，其规律遵循报酬递减律，土壤有效钾含量（毫克/千克）能保证相对产量95％者为"丰富"，能保证相对产量75％者为"中等"，保证相对产量50％者为缺乏，这是三级制的肥力划分标准。级制划分应根据不同地区、不同土壤、不同产量标准和生产水平而确定。

26. 什么是作物营养诊断法指导施肥？

根据作物的营养指标，通过作物生长发育期间植株养分含量的测定，来确定是否需要施肥的方法叫作物营养诊断法（DRIS法）。营养诊断是对植株某一部位进行组织汁液中的养分含量测定，再按丰缺临界值来判断作物体内养分丰缺与否，以便决定施肥（追肥或喷肥）的方法。

作物营养诊断不能代替土壤诊断，只是比土壤诊断更能深入了解作物生长期间养分的吸收、运转及肥料的效果。这种方法能在缺素症状出现前或尚未明显时，发现潜伏缺乏现象，从而起到预报作用，以便及时采取对策。

作物营养诊断法包括形态学（叶色卡比色、显微形态结构）、化学（植物化学诊断、土壤化学诊断）、生物学（酶学、室内培养、田间试验等）和物理学（电子探针、遥感技术等）诊断，这里介绍常用的几种方法。

（1）叶色卡比色法　叶色卡比色法是依据作物叶色深浅与叶片全氮含量之间具有良好的线性关系的原理研制出标准叶色卡，根据实际作物叶色深浅诊断养分的丰缺进而指导施肥。该方法简单、方便，并使营养诊断呈现半定量化，易于看到实效。然而，由于品种或基因型的不同，该方法对叶色的判断存在一定的人为因素影响，可能导致一些误差。另外，叶色卡比色法还不能辨别作物失绿是由缺氮引起还是由其他因素引起。

（2）作物营养临界值法　当植株内养分低于某一浓度时，就会影响其生长发育，严重时出现"缺素症"，该浓度称为"临界浓度"，又叫临界值。临界值是植株生长速度或产量刚刚开始下降的浓度范围。

（3）营养诊断施肥综合法　营养诊断施肥综合法，简称 DRIS 法。它是用叶片养分诊断技术，综合考虑营养元素之间的平衡状况和影响生长的因素，研究土壤与环境条件的相互关系，从而确定施肥次序。具体步骤如下：

① 确定诊断指标　首先把收集待测的叶片分低产组（A）和高产组（B），然后进行叶片的全量分析，并记载其产量结果和可能影响产量的各种参数。

对 767 个小麦叶片进行氮、磷、钾含量分析，并进行生物统计的结果表明，以营养元素含量之比作为诊断指标，与产量间的相关性达到了极显著水平。目前就利用 N/P、N/K、K/P 的形式作为诊断指标，见表 1～表 3。

表 1　小麦叶片 N、P、K 含量分析时不同形式的统计参数

表达形式	A 低产组（<2625 千克/公顷）					B 高产组（>2625 千克/公顷）					S_A/S_B
	统计数	平均值	标准差（SD）	变异系数(CV)	方差（SA）	统计数	平均值	标准差（SD）	变异系数(CV)	方差（SA）	
N/%	767	3.550	1.089	31	1.186	341	3.980	1.14	28	1.30	0.91
P/%	767	0.287	0.737	26	0.00543	341	0.318	0.082	26	0.0067	0.81
K/%	767	2.660	0.818	31	0.664	341	2.780	0.742	27	0.552	1.21
N/P	767	12.37	4.48	35	20.07	341	12.52	2.760	22	7.62	2.63
N/K	767	1.33	0.46	33	0.212	341	1.43	0.290	20	0.084	2.52
K/P	767	0.11	3.03	33	9.18	341	0.11	1.490	17	2.220	4.14

表 2　两种旱田作物硝态氮营养诊断指标

作物	采样部位	采样时间	作物硝态氮含量水平/(毫克/千克)		
			低	中	高
春小麦	叶鞘	苗期		250～300	
	叶鞘	拔节期		400～600	
	叶鞘	灌浆期		100～150	
玉米	叶鞘上半段		100	300～500	500～600
	叶鞘下半段		300	500	800～1000
	果穗对应叶中肋		100	300～500	500～600
	果穗对应叶下半段		0	0	500

表3　农作物磷素营养诊断指标

作物	采样部位	采样时间	全磷含量及其丰缺指标/%			
			极缺	缺乏	中量	高量
小麦	地上部	抽穗期	<0.15	0.15~0.19	0.20~0.50	>0.50
	麦粒	成熟期		0.15	0.40	0.54
	麦秆	成熟期		0.03	0.08	0.17
玉米	吐丝穗下对位叶	吐丝期	<0.15	0.16~0.24	0.25~0.40	>0.50
大豆	叶花	开花期	0.19	0.22	0.26~0.27	
	顶端定型叶	始花期	0.15	0.16~0.25	0.26~0.50	>0.51
甜菜	叶	收获时		0.12	0.16	
烟草	叶	10~13片叶时			0.29	
	叶	开花期			0.24	
	叶柄	10~13片叶时			0.28	
马铃薯	地上部	收获期	0.17	0.18		0.18~0.22
	块茎	收获期	0.18	0.21		0.21~0.24

② 确定施肥次序　有了营养诊断指标就可以用指数法确定施肥次序。做法是，按一定公式计算出植株体内各种养分含量的指数值，然后根据指数值的大小和正负表示作物需肥标准。计算公式：

$$氮（N）指数 = +\left[\frac{f(N/P)+f(N/K)}{2}\right]$$

$$磷（P）指数 = -\left[\frac{f(N/P)+f(K/P)}{2}\right]$$

$$钾（K）指数 = +\left[\frac{f\left(\dfrac{K}{P}\right)+f(K/P)}{2}\right]$$

实际测定值 N/P>标准 N/P 时，则计算公式为

$$f(N/P) = 100\left(\frac{N/P（实测）}{N/P（标准）}-1\right)\times\frac{10}{CV}$$

实际测定值 N/P<标准 N/P 时，则计算公式为

$$f(N/P) = 100\left(1-\frac{N/P（标准）}{N/P（实测）}\right)\times\frac{10}{CV}$$

$f(N/K)$ 和 $f(K/P)$ 仿照上式计算。

DRIS法的优点在于不论时间、部位、株龄和品种，只要对营养

功能叶进行打孔取样分析即可，但是必须以典型的高产作物和低产作物为对象进行基础研究，确定诊断标准；不足之处在于仅指出了作物对某种养分的需要程度，以此来确定施肥的数量。

（4）光谱技术　植物叶片的光谱特征与植物营养状况密切相关，利用作物的光谱特性对其营养状况实时监测和快速诊断是近年来研究的新方法。

植物光谱诊断原理如下：

物体对不同波段光谱的响应特性叫光谱特性，植物光谱反映了植物内部物质（叶绿素及其他生物化学成分）的吸收波形变化，因而可通过植物的光谱特性监测植物的营养状况。植物缺乏营养元素不仅会严重影响其生长速度和产量，而且还能引起植株体内相关生物化学成分的变化，外观表现在叶片、叶色以及植株的形态和结构，同时表现为不同营养元素的缺素症状，导致某些波长处的光谱反射和吸收产生差异，从而产生了不同的光谱反射率。在非成像光谱上表现出反射率不同的波形曲线，在成像光谱上表现出图像亮度、饱和度等色阶的差别。利用光谱上产生显著差异的敏感光谱或关键波段建立估测模型，可反演作物体内生物化学成分含量。

27. 什么是作物营养的临界期？

作物在生长发育过程中的某一个时期对某种养分的要求，绝对数量虽然不多，但当这种养分含量缺少或过多时作物反应很敏感，对作物生长发育和产量的影响较大，即使以后供应这种养分或采取其他补救措施，也难以纠正或者弥补损失，这个时期叫作物营养的临界期。

作物营养临界期多出现在作物发育的转折时期。一般地讲，各种作物的生长初期对外界环境条件有较强的敏感性，此时胚乳中贮存的养分已消耗殆尽，必须及时供给充足的养分才能维持幼苗的正常生长发育。

作物的氮营养临界期，如水稻在三叶期和幼穗分化期，小麦在分蘖期和幼穗形成期，这个时期适时供给氮素，就能增加分蘖数，为形成大穗打下基础。缺氮会减少分蘖数和子花数，即使以后多补给氮素，也只能增加茎叶和提高粒重，不能增加穗数和粒数，相反，氮素过多，则无效分蘖增加，造成早期郁蔽、穗小粒少或倒伏而减产。

玉米的氮营养临界期在穗分化期，缺氮或氮素过多，都会造成后期穗小而减产，供给氮素适量则穗大、花多、粒多。

棉花的氮营养临界期在现蕾初期，缺氮时植株生长矮小，果枝短，易引起蕾铃脱落；氮素过多，易造成茎叶徒长，导致花蕾大量脱落。

作物的磷营养临界期在生长初期，冬小麦、水稻在分蘖始期，棉花、油菜在幼苗期，玉米在三叶期。缺磷时水稻和小麦根系细弱，延迟分蘖或不分蘖，容易形成"子老苗"；棉花叶片呈暗绿色，现蕾推迟，霜后花多；玉米基部叶片和叶鞘呈紫红色。凡是苗期因缺磷而使生长受到抑制，均会导致作物不同程度地减产。

钾的营养临界期，水稻在分蘖初期和幼穗形成期。分蘖期茎秆中含钾（K_2O）量在 1.0% 以下时，则分蘖停止。幼穗形成期如含钾（K_2O）量在 1.0% 以下，则每穗数量显著减少。

28. 什么是作物营养的最大效率期？

在作物生长期间，有一个时期肥料的营养效果最好，这个时期称为作物营养的最大效率期。此期往往出现在作物生长发育的旺盛时期，根系吸收养分的能力特强，植株生长迅速，若能及时施肥，则增产效果十分显著，经济效益最大。

据研究，油菜的氮肥最大效率期在开花期，因此，油菜要重视花肥，这就是所谓的"菜浇花"。棉花氮、磷肥的最大效率期均在花铃期。在南方常把磷肥和牛栏粪混合提前于棉花蕾期施用，到花铃期起作用，既可满足花铃期对氮、磷营养的需要，又能防止棉花后期早衰。其他作物，如玉米的氮肥最大效率期在喇叭口至抽雄初期，小麦在拔节期至抽穗期。同一作物不同营养的最大效率期并不是完全相同的。例如甘薯生长初期，氮素营养效果最好，而块根膨大时，磷、钾营养效果较好。

作物的营养最大效率期与营养临界期同等重要，同是作物营养阶段的两个关键时期，保证在这两个时期有足够的养分供给，对提高产量具有重要意义。

但必须指出，作物营养既有阶段性，又有连续性。比如，晚稻分蘗期施了较多的氮肥，幼穗分化期生长良好，就可以少施或不施氮肥；反之，如分蘗期氮肥用量少，那么在幼穗分化期就会感到氮素不足，就必须补施氮肥。对冬小麦也是如此，如播种前施足底肥，返青期可以不施，对旺苗还应推迟施用拔节肥；反之，则应早施、重施拔节肥。

29. 怎样鉴别常用化肥？

掌握化肥的简单鉴别方法，对贮藏、施用化肥有着重要意义。

主要鉴别方法有以下 6 种：

(1) 外观颜色　磷肥一般呈粉状，大多颜色较深，多为灰色或灰黑色，而氮肥和钾肥则呈白色晶体或颗粒。

(2) 溶解度　一般氮肥和钾肥都溶于水，而磷肥仅部分溶于水或不溶于水，碳酸氢铵有挥发性氨味。

(3) 熔融情况　可将肥料放在小铁片上在火上烧热，观察其熔融情况，不同肥料熔融情况如下：

① 不熔融直接升华或分解呈气态：氯化铵、碳酸氢铵。

② 熔融或呈液态或半流动态：硝酸铵、尿素、硫酸铵、硝酸钙。

③ 不熔融仍为固态：磷肥、钾肥。

(4) 灼烧　将氮肥投入烧红的炭火中，燃烧并发亮的为硝酸盐类。在化肥的水溶液中加入 10% 氢氧化钠，有氨味产生的为硫酸铵，如无氨味，灼烧时呈黄色火焰的为硝酸铵，紫色火焰的为硝酸钾，而灼烧时熔化发出白烟的为尿素。若加入 10% 氢氧化钠有氨味产生，燃烧时不发亮，加入 5% 氯化钡有白色沉淀的即为硫酸铵；若不发生沉淀，加入 1% 硝酸银有絮状物的为氯化铵，产生黄色或黄色沉淀的即为磷酸铵。

(5) 用石灰鉴别　把化肥与石灰混合加水研磨，或用热水将肥料溶解后加入碱面，如有氨则为铵态肥料，如硫酸铵、硝酸铵、氯化铵、磷酸铵、碳酸氢铵等。

(6) 化学性质鉴定　鉴别过磷酸钙和钙镁磷肥时，过磷酸钙呈酸性，钙镁磷肥呈碱性。

鉴别氯化钾和硫酸钾时可加入 5% 氯化钡溶液，产生白色沉淀的为硫酸钾 (K_2SO_4)，如加入 1% 硝酸银，产生白色絮状物的即为氯化钾（KCl）肥料。

30．怎样保管和贮存化肥？

大多数化肥易溶于水，很容易吸湿潮解，有些化肥尚具助燃、有毒等特性，在贮存时必须做好防潮、防火、防热、防毒、防腐蚀等"五防"工作。

（1）化肥的运输　化肥一般都有包装，运输时只需用普通运输工具即可。一般长途运输都是利用火车和轮船，中、短途运输用汽车、拖拉机、各种人力车等。车子要选用车身干燥、板面平整、没有钉头的，以防车辆运输途中损坏包装。还要备有防雨防晒的遮盖物，防止日晒雨淋。散装化肥的运输工具，最好选用棚车和舱盖严密的船只。

除做好防雨防潮外，还须注意下列各项：

① 任何化肥，最好用专车、专船装运，千万不要与食物混装，以免引起食物变质或导致中毒，对硝酸盐类化肥，更应注意。

② 防热防晒，隔离火源。硝酸铵等肥料对热的敏感性大，属助燃爆炸品种，尤须注意。

③ 运输散装过磷酸钙等腐蚀性较强的化肥，要在化肥上面铺放隔离物，以避免加盖的苫布腐烂。

④ 装卸时，按照品种分装分卸，轻拿轻放，保证包装的完整。

（2）贮存方法

① 包装化肥的堆码方法　化肥仓库中常用的堆码方法有"一套二""二套三""三套四""一"字形及"井"字形等方法。前三种堆码法稳固，包装之间缝隙小，比后两种方法提高仓容量20％以上。堆码的高度：一般纸袋或单层塑料袋以8～12袋的高度为宜；麻袋、布袋等也不应超过30包。堆码的大垛与小垛、品种与品种之间，应留有人行道，离墙要有30～50厘米的距离，便于检查，防止潮湿和损坏墙壁。

② 散装化肥的贮存和堆码　常见的散装化肥如过磷酸钙，稳定性虽好，但腐蚀性大，一般采用专仓或分堆贮存，在库房墙壁上涂抹一层水泥防腐和用三合土地面防潮。散装化肥可堆成宝塔形，也可通仓大堆，但靠墙壁四周最好堆一米左右。

③ 露天贮存　化肥一般不宜露天贮存。但是化肥数量大、用肥

时间集中时，在仓库不足的情况下，也可以采用露天贮存，但必须防雨防潮、密封良好，一般选择地势稍高、干燥的地面，用条石或水泥做成码架，高出地面 30 厘米左右，垫上竹席或芦席，再铺上一层塑料膜，将化肥堆成平稳整齐的屋脊形，然后用大幅塑料布等把化肥盖好，外用绳子捆牢，这样基本可做到防雨、防风、防潮，能收到较好的效果。

④ 在库分存　化肥品种多、性质复杂，在仓库贮存时不能混堆或混存，以免引起化学变化，降低肥效，发生事故。更不能把食物、作物种子与化肥混合存放在一个仓库里，以防食物变质和影响种子质量。

(3) 化肥仓库的安全管理　由于化肥在仓库中存放的时间较长，数量也大，所以更需要做好"五防"工作。

化肥仓库的库内温度以低于 30℃、相对湿度以 60%～70%为宜，在贮存过程中，要经常掌握库房内外温湿度的变化情况，并及时进行调节。一般利用晴天早晚温度较低时进行通风较好。夏季通风的时间，最好在入夜以后，以防傍晚地面蒸发的热气进入库内。在阴雨天气，库外相对湿度超过 80%时，不宜进行通风。

化肥仓库一定要严禁火源，应经常备有消防水、砂土、消防带、灭火器等器材。万一发生火情，硝酸铵不能使用各种灭火剂，应先用砂土压盖再用加压水扑灭。仓库保管人员在搬运、堆码、换包、翻堆转垛时，应戴好工作帽、口罩和手套；搬运硝酸铵等化肥时，不要吸烟，不要重摔猛击，防止引起燃烧和爆炸。

31. 化肥能不能与农药混合施用？

化肥与农药的配合施用是近年来农业上采用的一项新技术，它是随化肥可用作农药载体而发展起来的。实践表明，化肥同农药混用在生产上和经济上都是可行的。它的主要优点是：

① 减少操作，节省劳力，提高工效。

② 提高肥效和药效。

③ 降低了农药的成本（化肥代替农药中的填充剂），减少了农药的毒害作用（化肥稀释了农药的浓度）。

农业上采用这一项技术时应严格遵循以下原则：

① 不能因混合施用而降低肥效和药效，并对作物无害。

② 混合物物理、化学性质稳定，化肥和农药的施用时间和施用部位必须一致。

③ 肥料与农药混合的剂型主要有固体与液体两类。前者将固体农药直接与固体化肥混合，或者将液体农药喷在固体化肥上，或在化肥生产过程中将农药加入，一起制成颗粒；后者是将固体农药或液体农药混入液体化肥。

目前国内外采用的与化肥混用的农药，以除草剂最多，杀虫剂次之，杀菌剂较少。

（1）化肥与除草剂混用

① 化肥对除草剂药效的影响　除草剂与化肥混用比单用时分布更均匀，扩大了对杂草的杀伤面，从而提高了除草剂的功效。同时，化肥也能影响植物对除草剂的吸收和除草剂的作用机制。如氮肥能提高除草剂的药效，促进植物对除草剂的吸收作用。

② 除草剂对肥效的影响　除草剂具有一定的毒性，能影响微生物的活动，因此，在一定程度上也影响微生物对化肥的转化作用，从而影响肥效。吉林农业大学土化系研究表明，五氯酚钠与氮肥混用能抑制土壤硝化作用，提高氮肥肥效。

（2）化肥与杀虫剂混用　目前与化肥混用的杀虫剂主要是防治地下害虫的农药和具有内吸作用的有机磷农药，它们混用后互不影响施用效果。如有机氯农药性质比较稳定，残效期长，与化肥混合后，药效一般不受影响。据试验，有机氯农药与化肥混合后，在 $30℃$ 时经 1个月，农药仍有很好的稳定性，8 个月后药效仅降低 50%。

有机氯杀虫剂也可与化肥配成液体进行叶面喷洒，如用稀释 200倍的滴滴涕悬浮液与 0.5% 过磷酸钙、0.3% 硝酸铵、0.2% 钾盐混合后喷洒果树，可起杀虫和根外追肥的作用。

（3）化肥同农药混合施用注意事项

① 化肥-农药混剂的配制（成分、比例）比较复杂，既要考虑作物营养又要兼顾治虫和除草，涉及因素很多，如土壤肥力、化肥成分及养分含量、作物种类、药剂类型、杂草病虫害程度及有效防治时期、残毒等。碱性肥料如氨水、草木灰等忌与敌百虫、速灭威、甲基托布津、多菌灵、叶蝉散、菊酯类杀虫剂等农药混用，否则会降低药

效。碱性农药如石硫合剂、波尔多液、松脂合剂等忌与碳酸氢铵、硫酸铵、硝酸铵和氯化铵等铵态氮肥和过磷酸钙等化肥混用，否则会使氨挥发，降低肥效。忌化学肥料与微生物农药混用，因为化学肥料挥发性、腐蚀性都很强，若与微生物农药（如杀螟杆菌、青虫菌等）混用，则易杀死微生物，降低防治效果。

② 液体混剂最好现用现混合配制，以免发生变化，应边施边搅动，一直搅到喷完为止。

32．土壤酸碱度和施肥有什么关系？

① 对碱性土壤最好施用过磷酸钙、硫酸铵等酸性肥料或生理酸性肥料。对酸性土壤最好施用氨水、碳酸氢铵、钙镁磷肥等碱性肥料或生理碱性肥料。

② 在碱性土壤上，施用铵态氮肥时要注意防止氨的挥发损失。一定要把肥料施到 5～15 厘米的土层中去，不能撒施在地表。在碱性土壤上，尿素也不能撒施在地表，否则在尿素氨化后也会挥发损失。

③ 土壤中各种微量元素的有效性与土壤的酸碱度有着密切的关系。土壤的 pH 值在 7 以上时，锌、铁、硼、锰、铜的有效性很低，所以施用上述微量元素肥料效果显著。与此相反，钼在偏酸性土壤上，有效性随土壤 pH 值的降低而降低，所以在酸性土壤上，施用钼肥效果显著。

33．土壤养分含量水平和施肥有什么关系？

化肥和有机肥料都能增加土壤养分，满足作物生长对养分的需求。化肥大多易于溶解，施用后除部分为土壤吸收保蓄外，大部分可以被作物立即吸收。有机肥料除少量养分可供作物直接吸收外，大多数须经微生物分解才能被作物吸收利用。有机肥料在分解过程中会产生各种有机酸和无机酸，能促进土壤中某些难溶性矿质养分的溶解，从而增加土壤中有效养分的含量。

34．土壤物理性质和施肥技术有什么关系？

土壤质地和保肥性能关系很大。黏土保肥力强，沙土保肥力弱。对黏性土耕地一次施用较多肥料也不至于流失。沙性土耕地对肥料的吸附力弱，肥料容易随水流失或渗漏到底土中去。所以对沙性土耕地，要提倡分期施肥，增加施肥次数。另外对漏水的水田，也应当采用"少吃多餐"的施肥方法。

35. 哪些因素能影响肥料利用率？

影响肥料利用率的因素很多，为了提高施肥的增产效益，必须注意这些因素，并调整和适应这些因素。其中包括肥料本身的因素、施肥方法、土壤、气候以及作物的因素等。比如肥料成分搭配比例适当与否，施肥部位、施肥深度、施肥时期恰当与否，土壤不同养分的丰缺程度和施肥成分之间协调与否，雨量的多少和土壤水分适宜与否，都能影响肥料利用率的高低。特别是作物的不同种类和不同品种以及不同栽培管理水平，更能影响作物本身的吸肥能力。所以肥料利用率更多地关系到农作物本身的吸肥能力。总之，任何对农作物生长发育的不利因素都会降低肥料利用率，反之，任何对农作物生长发育有利的因素都会提高肥料利用率。

36. 作物品种与施肥有什么关系？

如作物属于早熟品种，则生育期短，一般繁茂性较差，在"肥料三要素"中氮的施用量偏高一些也不会贪青。与此相反，作物的晚熟品种，生育期长，繁茂性强，在"肥料三要素"中磷、钾的施用量应当偏高一些，否则容易贪青晚熟，甚至发生倒伏。

作物的早熟品种与晚熟品种，由于生长发育日数不同，产量水平不同，需要的养分量不同，因而施肥量与追肥时期、追肥次数等也不同。

37. 土壤障碍因素和施肥有什么关系？

影响作物生长发育的各种土壤障碍因素，如强酸性土壤、强碱性土壤、漏水的沙土、不渗水的黏土，对作物的生长发育都有不良的影响，使作物不能充分吸收利用施入的肥料中的各种养分。在这种情况下，如果大量施用肥料，特别是大量施用化肥，就会造成肥料的浪费。应当根据不同土壤障碍因素，采用不同的肥料和适宜的施肥方法。

38. 增产效率和施肥量有什么关系？

化肥是农业生产中不可缺少的重要生产资料，农业生产中提倡科学施肥。确定施肥量时，还要"瞻前顾后"，比如这块地上一年（或上一季）已经施用了大量的磷肥，由于磷肥的残效作用，本年（或本季）就可以多施一些氮肥。又如在今年夏季要给某一地块多追氮肥时，可预先在春播期间施入足够的磷肥作底肥，只有这样，才能达到氮、磷肥的适宜比例，有利于提高化肥的增产效率。

39. 施用化肥与提高土壤肥力有什么关系？

施用的化肥不仅可供给作物所需的营养元素，还具有改良土壤的作用。例如，酸性土壤施用石灰，可以中和土壤酸度，减少铁、铝的毒害作用和提高土壤养分有效性。相反，碱性土壤施用石膏和硫黄，能与土壤溶液中的碳酸钠和重碳酸钠发生化学反应，生成易溶的硫酸钠，结合灌水、排水等措施，就可以降低土壤碱性。

化肥以供给作物营养成分为主，而且肥效快，对提高作物产量具有重要作用，特别是因养分缺乏造成的低产田，施用化肥的增产效果更为明显。此外，人们取走作物可利用的部分后，在土壤中残存的大量的根系、落叶及秸秆可进行还田，这样既增加了土壤中的有机质，又对改善土壤环境和提高地力具有明显的促进作用。

在肯定施用化肥有利方面的同时，也要指出，化肥与有机肥料不同，施用不当不仅对作物生长发育不利，还能使土壤变酸、变碱或板结等。例如，在碱性土壤上施用硝酸钠等碱性肥料，可使土壤进一步碱化，而在酸性土壤上长期施用氯化铵、硫酸铵等生理酸性肥料，会使土壤进一步酸化。还有长期施用某种单一营养元素肥料，例如氮肥，不仅会引起作物体内营养的紊乱，导致减产，还能引起土壤养分比例失调、土壤肥力衰退或土壤板结等。因此，合理的施肥必须是有机肥与化肥配合施用，化肥中的氮、磷、钾元素配合施用，这样才能取长补短，既能及时供给作物有效养分，又能改良土壤、提高肥力，保证作物持续高产。

40. 作物是怎样吸收利用养分的？

作物的根系是吸收养分和水分的主要器官，其生长发育所需要的养分，大多是靠根系从土壤中吸取的。由根系吸收的养分，主要是溶于土壤溶液中的各种无机态营养离子，包括阴离子和阳离子。例如，吸收的氮素主要是铵根离子（NH_4^+）和硝酸根离子（NO_3^-），吸收的磷素主要是磷酸氢根离子（$H_2PO_4^-$、HPO^{2-}），吸收的钾素主要是钾离子（K^+）等。离子吸收分为主动吸收和被动吸收。离子主动吸收是指进入根表皮中的养分，经作物的代谢作用，有选择地吸收而进入细胞，通过细胞与细胞之间的传递转移到作物需要的部位，这是一个消耗能量的过程。离子被动吸收是指作物根系的呼吸作用产生的阳离子（H^+）和阴离子（HCO_3^-），与土壤黏粒表面吸附的离子或土壤溶液中的离子进行交换，通过扩散和质流使养分进入植物体内，这种被动吸收没有选择性，作物不消耗能量。

作物除根部吸收养分外，叶部也能吸收养分。叶部吸收的养分一般是从叶片角质层和气孔进入，最后通过质膜进入细胞内。它与根部吸收大体相似，也以吸收矿物质营养为主，也能吸收一些有机营养物质（如腐植酸等）。叶片吸收的养分，不仅在叶片中参与代谢活动，还能供茎和根部利用。根据作物吸收具有的这种特性，可将营养物质配成一定浓度的液体，洒在作物的叶片上，这种施肥方式称作根外追肥。

41. 什么是养分归还学说？

人类为了获取生存所必需的粮食及工业原料，就需要连年种植作物，把这些产物拿走，必然要消耗大量的土壤养分，使土壤地力下降，要恢复土壤的再生产能力，保持土壤养分平衡，就必须施入被作物吸收的各种营养成分，不能妄想土壤中贮存的养分是取之不尽用之不竭的。如果人们不断地从土地中取走粮食、秸秆及其他副产品，并且不对土壤养分进行补偿，土壤就会逐渐失去再为作物提供养分的能力，以致土壤肥力衰竭，生产力遭到破坏。对农业生产来说，应制止恶性循环，促进良性循环。如果从农业系统中增施适量的化肥和大量的有机肥，以补充土壤中养分的亏损消耗，促进营养物质循环，就能实现持续稳定的高产，这即是养分归还学说。

42. 什么是有机肥料？化肥与有机肥料配合施用有什么好处？

有机肥料是主要来源于植物残体或动物代谢物的，施于土壤以提供植物营养为其主要功能的含碳物料。有机肥料含有多种有机酸、肽类等有机物质以及包括氮、磷、钾在内的丰富的营养元素，既可提供多种无机养分和有机养分，又能培肥和改良土壤。

化肥和有机肥料配合施用对农业生产的作用比各自单独施用大。

（1）促进作物稳产高产　化肥养分含量高、肥效快，能在短期内大幅度提高产量，但肥效短、产量不稳定。而有机肥料含有多种有效养分，肥效持久、后劲大，有利于作物稳产，但养分含量低、肥效迟缓，增产幅度小，用量大。两者配合施用，可以扬长避短，促进作物稳产高产。

（2）提高肥效　化肥与有机肥料配合施用，能提高肥效，尤其是氮肥的增产效果明显。

磷肥易被土壤固定，从而降低应季施肥效果，如果与有机肥料配合施用，有机肥料可起保护和吸附作用，减少磷的固定。同时氮肥还可以调节有机肥料中的碳氮比例，有利于有机肥料的分解和腐熟。

（3）改善产品品质　如果在农田中单一施用氮、磷、钾肥及某种微量元素，远不能满足农业生产的需要。有机肥料含有较多的磷、钾和多种微量元素，化肥尤其是氮肥与有机肥料配合施用，起到了化肥所起不到的平衡施肥作用，有利于改善各种作物的产品品质，所以化肥与有机肥料配合施用是科学的施肥方法。

43. 怎样掌握化肥秋季深施技术？

化肥主要指氮肥、磷肥和钾肥。磷肥、钾肥在土壤中比较稳定，移动范围小，而氮肥施用部位浅，易以气态形式挥发损失，同时又可因反硝化作用而淋失。

化肥秋季深施，无论是玉米还是小麦，在同等养分条件下，均比春季施肥，更比夏季追肥增产效果显著。化肥秋季深施就相当于把化肥自仓库挪到土壤里保存。

化肥秋施的优点：

① 结合秋翻地或秋起垄施肥，可将肥料施到深处，减少氮素挥发损失。化肥在土壤中分布的比例均匀，使作物前期能利用种肥、中后期又无脱肥现象，有利于作物吸收利用养分，提高化肥利用效果。

② 化肥深施可以增加单位面积施肥量，避免种肥施用量大造成烧籽烧苗。

③ 秋施化肥利于保墒和抢农时，尤其在春旱年份，为保证作物所需养分，就得增加施肥作业，或者深开沟施肥等，均不利于保墒。

④ 化肥秋施可以缩短化肥在仓库的保管时间，减少因保管不当而造成的养分损失。

化肥秋施的技术要点：

① 秋施肥时间不能过早，黑龙江省南部地区在 10 月下旬至 11 月上旬，北部地区在 10 月中旬到 10 月下旬进行。

② 施肥深度，第二年播种小麦、亚麻的地块要达到 10～12 厘米，种大田的地块要达到 12～15 厘米。

③ 为了发挥氮肥的增产作用，根据作物需要必须配合适量的磷、钾肥。如有农家肥一次同时施用效果更好。

④ 秋施肥具体做法：对于第二年准备种大田或垄上播种小麦的地块，在平翻起垄时，先蹚出沟，将肥料撒到沟里，再起垄把肥料包在里边，而对有垄的地块，可将肥料条施于原垄沟里，然后破垄夹肥；对于准备种植小麦、亚麻等平播作物的地块，在秋翻地前将肥料均匀地撒在地表后，立即翻地，将肥料翻到 12～15 厘米深处，然后再搂平，使其达到播种状态。

44. 化肥在农业生产中的作用是什么？

化肥在农业生产中起很大作用，能提高作物产量和改善产品品质，有利于培肥地力。

(1) 满足农业持续发展的需要　我国是农业大国，人多地少。大部分耕地潜在肥力低，只靠有机肥料的投入远远满足不了需要，要多产出就要投入更多的化肥。据试验，化肥适当施用，每千克养分可增产粮食 8～10 千克。

(2) 改善土壤肥力和产品品质　施用化肥不仅能增加粮食产量，同时也能增加秸秆产量，通过秸秆还田可增加土壤中的有机质，另外也使土壤中的全氮、全磷增加。增施磷、钾肥不仅能提高农作物的产量，还能改善产品品质。

45. 化肥是怎样分类的？

化肥的品种很多，为了便于掌握和运用，通常要对其进行分类。

（1）按化肥所含的养分进行分类，可分成以下几类：①单质肥料——氮肥、磷肥、钾肥；②复合（混合）肥料——二元肥料、三元肥料、多元肥料；③其他肥料——矿物质肥料、含农药化肥、稀土微肥、腐植酸类肥料；④微量元素肥料——硼肥、锰肥、钼肥、锌肥、铜肥、铁肥等。

（2）按化肥的物理状态进行分类：①固体化肥——粒状化肥、粉状化肥；②液体化肥——溶液型液体肥料、悬浮型液体肥料。

（3）按肥效的持续时间分类：①速效化肥——肥料中的有效成分能溶于水，肥效快，但肥效期较短，后劲较差；②长效（缓效）化肥——肥料中的有效成分释放速度缓慢，这类肥料一般是在原肥料的基础上进行改性，或加入缓释剂或进行包被等。速效化肥和长效化肥养分释放的速度差别很大，应注意搭配使用，以保证作物整个生育期内对养分的需求。

肥料性质及施用

第一节　化学肥料

一、氮肥

46. 氮素在作物生长发育中有哪些生理作用？

　　氮素是作物生长发育不可缺少的重要营养元素之一。首先，氮是构成作物体内蛋白质和酶的主要成分，在蛋白质中氮的含量占 16％～18％。蛋白质又是原生质的主要组成成分，而原生质是一切生命活动的基础，所以说没有氮就没有蛋白质，没有蛋白质便没有生命。酶是作物体内各种代谢过程的催化剂，没有酶作物的生长发育便不能正常进行。氮又是叶绿素的重要组成部分，而叶绿素是作物进行光合作用、制造有机物质不可或缺的。缺乏氮素，叶绿素的数量减少，叶色浅黄，光合作用减弱，光合产物减少；当氮素供应充足时，作物营养体和叶面积增加，叶绿素含量提高，叶色显得浓绿，光合作用旺盛，进而提高作物产量，改善产品质量。

　　特别有趣的是氮素在植物体内的转移现象。试验证明，作物生育前期和中期存在于茎叶中的氮素，待到结实过后，会大部分进入籽实中去。以大豆为例，在开花前期 叶片中的含氮量达到 4％以上，而到秋季黄叶期，叶片中的含氮量降到1%以下。又有试验证明，作物籽实中所含氮素有一半以上是从茎叶贮存的氮素转移过来的，其余部分则是籽实形成过程中，根系从土壤中吸收的。所以作物前期生长发育和中期生长发育的好坏，对产量影响是很大的。

47. 作物怎样吸收利用氮素？环境对氮素的吸收有哪些影响？

作物直接吸收的氮素形态主要是铵态氮和硝酸态氮，也吸收一部分亚硝酸态氮及少部分可溶性的氨基酸、酰胺等含氮有机物。豆科作物通过根瘤的共生固氮作用，还能吸收空气中的游离态氮（即分子态氮素）。

作物根系对铵态氮和硝酸态氮的吸收，主要依靠根细胞呼吸所产生的氢离子和碳酸根离子与土壤溶液中的铵根离子和硝酸根离子进行离子交换。根细胞呼吸产生的氢离子，也可以与土壤胶体上吸附的铵根离子进行离子交换，使铵根离子进入植物根内。当温度升高、通气状况良好时，根的呼吸作用增强，可促进作物对氮素的吸收。但一次大量施肥，会使土壤溶液浓度过大，造成作物吸水困难，或 pH 值过高或过低，作物生长发育不正常，对氮肥的吸收作用也会减弱。

作物吸收的铵态氮可以直接参加体内的氮素代谢过程，而吸收的硝酸态氮必须还原为铵态氮后才能被利用。一般在偏酸性环境条件下，作物吸收硝酸态氮较多，而在中性和偏碱性条件下，铵态氮的吸收量显著增加。钙、镁二价阳离子的存在可促进作物吸收铵态氮，而钾一价阳离子则促进作物对硝酸态氮的吸收。

作物除根部能吸收氮素外，叶片也能吸收氮素。叶片主要通过气孔、细胞间隙和细胞膜吸收尿素态氮、铵态氮和硝酸态氮。

48. 氮肥有哪些品种？

氮肥的品种很多，按化合物形态和酸碱性分类如下：

按化合物形态分类
- 铵态氮肥——碳酸氢铵、硫酸铵、氯化铵、氨水、液氨
- 硝酸态氮肥——硝酸钠、硝酸钙
- 硝酸铵态氮肥——硝酸铵
- 酰胺态氮肥——尿素
- 氰氨态氮肥——石灰氮

$$\text{按酸碱性分类}\begin{cases}\text{酸性氮肥}\begin{cases}\text{化学酸性氮肥}\\\text{生理酸性氮肥——氯化铵、硫酸铵}\end{cases}\\\text{碱性氮肥}\begin{cases}\text{化学碱性氮肥——氨水、液氨}\\\text{生理碱性氮肥——硝酸钠、硝酸钙}\end{cases}\\\text{中性氮肥——尿素}\end{cases}$$

49. 铵态氮和硝酸态氮作为作物营养有什么不同？

铵态氮和硝酸态氮都是作物能够很好吸收利用的氮源，但铵态氮是还原态，为阳离子，硝酸态氮是氧化态，为阴离子。由于形态不同，作物对它们的吸收能力也不同。

甘薯、马铃薯等含碳水化合物较多的作物，吸收铵根离子（NH_4^+）之后，立即将其同化为有机态氮化合物，不会因氮素积累造成危害，所以适于使用铵态氮肥。反之，含碳水化合物少的作物，特别是在苗期，吸收硝酸盐多于铵盐。另外，由于作物对酸碱度的适应性不同，对两种形态氮源的吸收也有差异。例如玉米对生理碱性氮肥硝酸钠的反应良好，而喜欢酸性土壤环境的水稻，则适于施用硫酸铵。水田适于施用铵态氮肥，除了水稻本身的吸肥特性外，还由于铵态氮肥在淹水条件下，淋失和反硝化脱氮造成的氮损失要比硝酸态氮肥小。有的作物生育前期和后期对铵态氮和硝酸态氮的吸收能力也不相同。如小麦苗期对铵盐的吸收强于硝酸盐；番茄则不同，前期喜欢吸收铵盐，后期又喜欢吸收硝酸盐。

总的来说，适于施用铵态氮肥的作物有水稻、甘薯和马铃薯等；适于施用硝酸态氮肥的作物有小麦、玉米、棉花、向日葵、大麻等。只有合理分配使用不同的氮肥才能更好地发挥其增产作用。

50. 氮素不足或过剩对作物生长发育有什么影响？怎样判断氮素的不足或过剩？

作物缺乏氮素时，由于蛋白质形成得少，导致细胞小而壁厚，特别是细胞分裂减少，使作物生长缓慢、植株矮小、叶片少而瘦小，叶片先呈浅绿色甚至发黄，最后干枯。这种症状先发生在老叶上，逐渐扩展到新叶，这与受干旱叶片变黄不同，旱害的植株几乎全株上下叶片同时变黄。禾本科作物缺氮素时，第一片叶子比其他叶子长，后长出来的叶子越来越短，分蘖少，成熟期略有提前，但灌浆不好，秕粒多，产量低。

氮素过剩时，尤其是当磷、钾元素配合不当时，作物体内维管束和果胶缺少，细胞壁的加厚受到限制，茎叶的衰老变化缓慢，营养器官较长时间地停留在幼嫩状态，分蘖和分枝多，成熟延迟。禾本科作物一般表现生长过旺，叶片下垂相互遮阴，影响通风透光，茎秆软弱，容易倒伏和感染病害，抗逆性降低。大豆、棉花施肥过多，易引起徒长，出现严重落花落荚（落铃）现象，导致产量降低，品质不良；蔬菜则因组织柔软多汁而不耐贮藏。所以，氮肥用量要适当。

51. 尿素有哪些特点？

尿素是一种酰胺态氮肥，是目前我国农用固体氮素化肥中有效成分最高的一种。尿素含氮量为 46%，是硝酸铵的 1.4 倍、硫酸铵的 2.2 倍、碳酸氢铵的 2.7 倍。尿素的有效成分高，施用量少，在运输、贮存、包装和施用上都比其他氮肥方便。尿素的物理性状为白如小米大的圆形颗粒，易溶于水，在水温 20℃时（以下同），100 克水中可溶解 105 克尿素。在尿素生产中多加入石蜡等疏水物质，使其在常温干燥环境下不易吸潮结块。

尿素作为肥料的另一个优点，就是尿素是中性肥料，长期施用时对土壤没有破坏作用。它所含的主要副成分是碳酸，有助于碳素的同化作用，也可以促进难溶性磷酸盐的溶解，供作物利用。

尿素施入土壤后，除少部分以尿素分子的形态直接被作物吸收利用外，大部分要在转化成铵根离子乃至硝酸根离子后才能被作物吸收利用。

尿素的分子量小，能被作物叶面吸收，所以尿素又是根外追肥的好肥料。

尿素肥料中通常含有少量的缩二脲杂质，与作物的种子、幼芽、幼根接触有一定的毒害作用，在施用时应特别注意与作物保持 3 厘米以上的距离。

尿素在转化过程中，也会引起氨的挥发损失，尤其在石灰性土壤中，尿素表施时氨的挥发损失更明显。因此，尿素和碳铵一样要深施覆土。

52. 什么是尿素氨化？与作物对尿素的吸收有什么关系？

尿素施入土壤后，经土壤微生物分泌的脲酶作用，首先水解成碳酸铵，然后再分解生成氨，这个过程称尿素氨化。

$$CO(NH_2)_2 + 2H_2O \xrightarrow{\text{脲酶}} (NH_4)_2CO_3$$

$$(NH_4)_2CO_3 \longrightarrow 2NH_3 \uparrow + H_2O + CO_2$$

尿素氨化的速度与土壤有机质含量、温度、湿度有关，也受土壤类型、熟化程度和施肥深度等因素的影响。一般来说，尿素在碱性土壤中比在酸性土壤中氨化快；在肥沃土壤中比在瘠薄土壤中氨化快；浅施的比深施的氨化快。在通常用量下，当气温为 10℃时经过 7～10 天，20℃时经 4～5 天，30℃时经 2 天，尿素即可全部转化成碳酸铵。作物虽能吸收分子态的氮素，但只是极少的一部分，绝大部分要经氨化变成铵态氮后才被吸收，所以尿素氨化与其肥效有密切关系。尿素的肥效较其他氮肥约晚 3～4 天，因此应适当提前施用。

53. 尿素作种肥施用时为什么容易烧籽烧苗？怎样防止尿素烧籽烧苗？

尿素作种肥施用时，如果方法不当就容易引起烧籽烧苗。尿素烧籽烧苗有以下几方面原因：

① 尿素溶液的浓度过高时，能破坏蛋白质结构，使蛋白质变性，影响种子发芽和幼苗根系的生长发育，严重时使种子失去发芽能力。

② 尿素施入土壤后迅速发生氨化作用，48 小时后在施肥部位就有大量铵态氮积累，一周后进入氨化高峰期，如每公顷施 187.5 千克尿素，施肥部位局部铵态氮的积累量达到每百克土 450 毫克，尿素转化生成的氨直接危害种子和幼苗。

③ 由于铵态氮的大量积累，施肥部位局部土壤 pH 值迅速上升，幼芽或幼根处于高氨强碱环境，便会受到灼伤和毒害。

④ 由于高氨强碱的抑制，硝化作用延缓，使亚硝酸暂时积累，当达到一定浓度时，对种子和幼芽也有毒害作用。

⑤ 在尿素肥料中缩二脲含量过高。

在上述各项中，高氨强碱是尿素烧籽烧苗的主要原因。

那么，怎样防止尿素烧籽烧苗呢？

尿素作种肥要掌握好以下原则：

① 用量不宜过大，一般每公顷施尿素 75～112.5 千克。北方地区春小麦习惯用氮、磷肥作种肥，与种子混播。用尿素作种肥混拌施用时，每公顷不能超过 52.5 千克。

② 大田作物要把尿素条施或穴施在种子斜下方 3～6 厘米处，施肥后稍加混拌使肥土混合，或者覆盖一层土再播种，使肥料和种子分开。春小麦最好采用 48 行播种机，隔行播种，隔行播肥，种和肥相隔 7.5 厘米，用此法每公顷施肥量可以增加到 225～300 千克，也不致烧籽烧苗，且增产效果显著。

54．小麦怎样施肥才能避免烧籽烧苗？

尿素作种肥引起烧籽烧苗是生产中亟待解决的问题，尤其是小麦播种早、生育期短、苗期需要充足速效养分，所以施化肥作种肥是夺取小麦高产的重要措施之一。尿素又是主要的氮肥品种，占氮肥总量的 80% 以上，施好尿素既能解决烧籽烧苗问题，又能保证提供足够的营养，因此施肥方法很重要。

小麦在播种时，把排肥口隔一个堵一个，排种口也是隔一个堵一个，两者交错开，这样种子和肥料都是 30 厘米双条播，大行距 22.5 厘米，小行距 7.5 厘米，肥料与种子之间的距离为 7.5 厘米。这种方法的方便之处在于可以用现有的播种机，不加改造即可直接使用。在农场，如能改装播种机的输种装置，使其播种方式变为 15 厘米行距的隔行播种，效果会更好。

55．什么是缩二脲？所谓尿素烧籽烧苗是缩二脲引起的吗？

在尿素肥料中，多少都含有一些缩二脲。缩二脲是一种对作物有害的物质，它破坏种子的发芽能力，抑制幼芽和幼根的生长。所以世界各国对尿素肥料中的缩二脲含量都规定了允许范围，一般要求低于 1%。

在尿素生产或造粒过程中，温度如果超过 150～160℃，尿素就发生缩合作用，使两个尿素分子失去一个分子的氨，生成一个分子的缩二脲。有的资料认为，当土壤溶液中缩二脲的浓度达到 15 毫克/千克时，对作物的生长发育就会产生严重的抑制作用，大豆和蔬菜的种子更为敏感。黑龙江省农业科学院土壤肥料与环境资源研究所用不同浓度的缩二脲溶液浸种并做发芽试验，证明大豆对缩二脲和尿素都非常敏感，但谷子、玉米和小麦则不太敏感，缩二脲浓度在 $35\sim50$ 毫克/千克的范围内对其都没有危害。因此把尿素烧籽烧苗的危害全部归罪于缩二脲是不客观的。试验证明，尿素烧籽烧苗的主要原因是尿素转化过程中，局部土壤形成高氨强碱环境，以及亚硝酸的暂时积累（详见"53. 尿素作种肥施用时为什么容易烧籽烧苗？怎样防止尿素烧籽烧苗？"），其次才是缩二脲的毒害作用。随着尿素肥料产品质量的提高，缩二脲的危害将会逐渐减小。

56. 尿素为什么要深施？

尿素本是一种稳定的化合物，一经施入土壤，在土壤中脲酶的作用下，很快就变成挥发性很强的碳酸铵。所以，如果把尿素施在地表或浅层中，当土壤比较湿润时（温度在 20℃ 以上），经过化学变化每天就能挥发掉 $1/10\sim1/2$。据测定，尿素施在黑土表层 $7\sim9$ 天挥发损失为 12%，即使在酸性的白浆土中，由于尿素氨化的结果，也会使施肥点局部土壤的 pH 值升高，氨的浓度很大，也有跑氨现象。但如果把尿素施在 $10\sim15$ 厘米深的地方，因土壤胶体对氨有很强的吸附能力，就可以将氨吸附保存起来，避免挥发损失。

尿素深施效果好还有另外几个原因：一是处于深层的尿素，氨化和硝化的速度缓慢、强度较小，有利于保持养分；二是北方旱季土壤水分经常处于不足的状态，深层土壤的水分高于浅层，所以施在深层的尿素处在水分比较充足的条件下，容易被作物吸收利用。

57. 一年一作地区尿素秋施好不好？

尿素秋施是指北方一年一作地区在秋翻地前或秋起垄前，将尿素施入农田的施肥方法。尿素秋施有许多好处：第一是可以做到深施覆土。尿素施入土壤后氨化变成碳酸铵或碳酸氢铵，如果施在地表或接近地表的土层，肥料中的铵很容易转化成氨而挥发损失。秋施结合秋翻容易做到深施，并可覆土盖严。第二是可以防止尿素烧籽烧苗。因为尿素含氮量高，在氨化高峰阶段会产生大量氨气，使施肥部位的土壤呈强碱性，会烧伤种子和幼芽。又因尿素中通常含有缩二脲杂质，对种子和幼苗有毒害作用，秋施可以使肥料避开种子，避免了对种子的烧伤和毒害作用。第三是秋翻施肥一次作业，降低了作业成本，同时也缓和了春播时进行施肥作业造成的劳力和机械紧张，做到忙活闲干；在北方干旱地区，又克服了春季深施尿素动土跑墒的缺点。

尿素秋施的具体做法是：先将尿素撒施在地表，然后翻入土中。在第二年种植小麦或其他平播作物的地块多采用这种做法。秋起垄地块可以施尿素后合垄，第二年种植中耕作物。秋施尿素仅适于结合秋翻进行，而一年一作伏翻的春小麦，因时间过早，容易损失养分，不宜采用。黑龙江省冬季土壤冻结，初春温度低、雨水少，尿素的转化慢、损失较少，所以尿素秋施的肥效一般来说与作种肥、追肥的效果接近。

58. 使用尿素时应注意哪些问题？

第一要掌握好施肥量。尿素是一种高浓度氮肥，含氮量为46％，如计划每公顷施150千克氮素，使用尿素的量就是326千克。第二要防止尿素随地表径流或随水田排水流失。因为尿素易溶于水，和其他水溶性化肥一样，如果施于地表而不覆土，或于稻田排水前施肥，养分就易随雨水或稻田排水而流失。因此，在旱田尿素不宜施于地表；在水田追肥时，追肥后六七天内不要排水。第三要注意防止尿素氨化后挥发损失。尿素施入土壤后，迅速氨化成碳酸铵，其中的氨很容易挥发损失，因此，尿素必须深施覆土。试验证明，尿素施在10厘米深的土层处，氨就不会扩散到地表而挥发损失。第四要防止尿素发生硝化和反硝化作用损失氮素。在旱田要通过适当的耕作管理措施，使土壤的水气状态适宜；在水田烤田前的3~5天不宜施肥。

59. 尿素为什么适宜作根外追肥？

尿素特别适宜作根外追肥，它对于延长作物叶片的寿命、增强光合作用能力、减少秕粒、提高粒重有良好效果。

原因：①尿素是中性有机物，电离度小，不损伤作物茎叶；②尿素进入叶内时，引起质壁分离的现象少；③尿素扩散性大，容易被吸收，喷施30分钟后，叶片中的叶绿素含量增加，喷施5小时后吸收

40％～50％，最后可吸收 90％；④尿素为水溶性，分子体积小，并且具有吸湿性，容易呈溶液状透过细胞膜被叶片吸收。

60. 尿素作根外追肥怎样施用？

尿素作根外追肥，在作物各生长发育阶段都可以施用，但一般都在植株对地面的覆盖度达到 70％以后开始施用。生产上主要用于作物根系吸收养分能力开始衰退的中后期，以及作物根部吸收作用受到阻碍（如盐害、涝害或根部病害等）的情况下。

尿素作根外追肥，就是把尿素配成浓度为 0.5％～2％的溶液（即 100 千克水中加 0.5～2 千克的尿素），用喷雾器进行喷洒，每公顷喷洒溶液 450～750 千克。大豆、小麦、玉米等大田作物可用 2％浓度的尿素溶液；果树、蔬菜等作物所用浓度要低些，一般用 0.5％～1％。喷洒时间要选在晴天，最好喷后 2～3 天内不下雨。必要时可以喷两三次，每次间隔 7～10 天。

根外追肥时，尿素直接与作物的茎叶等器官接触，因此所用尿素含缩二脲杂质不能过高，以防产生毒害作用。不同作物对缩二脲含量的耐受能力不同，麦类、果树、蔬菜等要求尿素中的缩二脲含量不超过 0.5％；玉米、水稻等作物则要求缩二脲含量不高于 1％。

尿素根外追肥，可以结合化学除草、药剂治虫等一起进行，还可以与磷肥、钾肥、微量元素肥料等其他化肥一起配成混合肥液进行。

61. 长效尿素是什么性质的肥料？

长效尿素是在普通尿素生产过程中添加一定比例的脲酶抑制剂制成的。其主要特点是减缓尿素的分解速度，延长尿素的肥效期，减少氮素损失，提高氮肥利用率，有比普通尿素增产、节肥、省工的优点。

长效尿素为浅褐色或棕色颗粒，含氮 46％，肥效期长，可达 100～130 天，常作基肥或种肥一次施入，不必追肥。长效尿素施于土壤后，由于春季土壤温度较低，土壤脲酶活性较弱，并由于脲酶抑制剂的作用，使长效尿素分解速度缓慢，生成的氨量较少，而此时作物幼苗需肥量也少；随着气温的升高，土壤温度增高，土壤中脲酶活性随之增强，脲酶抑制剂的作用逐渐减弱，长效尿素分解速度加快，生成的氨量增加，与此同时，作物生长也进入旺季，需肥量大。因此，长效尿素的供氮过程与作物需肥规律基本趋于同步，使作物生长前期不过肥，中期不疯长，后期不脱肥，为作物增产创造了良好条件。施用长效尿素比同量的普通尿素增产 5%～8%，氮肥利用率提高 6%～16%。

62. 怎样提高氮肥利用率？

（1）铵态氮肥深施　铵态氮肥深施可以提高氮肥利用率。其主要原因是深施可增强土壤对铵根离子的吸附作用，减弱硝化作用，从而减少硝酸的流失和由于反硝化作用而造成的氮素损失。

为了确保深施的增产效果，必须注意以下两点：

① 氮肥深施时应考虑比表施提早几天，以便及时满足作物对氮肥的要求。施肥量可比表施适当减少，以免因肥效较高引起作物后期贪青晚熟。

② 深施深度按施肥量多少而定。化肥用量少，每公顷 112.5～150 千克时，以中层浅施为好；化肥用量大，每公顷 300～375 千克时，以底层深施为好。

（2）氮肥与其他肥料配合施用　作物的高产稳产，需要多种养分的均衡供应，配合其他肥料施用对提高氮肥利用率的作用非常显著。应用 ^{15}N 的小麦盆栽试验，在磷肥缺乏的中等肥力土壤上，有效磷 8 毫克/千克，单施硫酸铵利用率为 35.3%，配合施磷肥后硫酸铵的利用率为 51.7%，配合磷肥使氮肥利用率提高 16.4 个百分点。

（3）铵态氮肥配合氮肥增效剂施用

① 氮肥配合氮肥增效剂后，作物当季利用率，碳酸氢铵由 27% 提高到 32%，尿素由 35% 提高到 40%，硫酸铵由 45% 提高到 54%。氮肥增效剂效能一般可延续 30～40 天。

② 增产效果。对水稻、小麦、玉米、高粱、棉花等作物，增产幅度一般为 5%～10%。增产幅度大小与土壤质地有关，沙壤土或肥力低的土壤，增产效果较为显著，一般增产 10% 以上。

氮肥增效剂用量以氮肥含氮量的 1%～3% 为宜，添加增效剂的氮肥必须深施，防止氮肥增效剂挥发。考虑到对后作大豆的影响，氮肥增效剂每公顷用量不宜超过 750 克，且不能直接施在大豆地上。

不同作物对氮素肥料的需要量不同。一般叶菜类及桑、茶叶等以叶为收获对象的作物，需氮肥较多；而豆科作物，一般只需在生长初期（根瘤尚未起作用前）施用少量氮肥。

同一作物不同的生育期对氮肥的需要量也有差别，例如水稻在分蘖期至抽穗期，需要氮肥较多，而抽穗后，对氮肥需要就较少。这是施用氮肥必须考虑的因素，相同数量的肥料施用时期不同，结果会相差很大。

不同作物对铵态氮和硝酸态氮的反应也不一样。富含碳水化合物的作物如薯类、水稻等施铵态氮肥较好。由于马铃薯可利用铵态氮，且硫对其生长有良好影响，因此，马铃薯以施用硫酸铵为好。甜菜生长初期硝酸态氮优于铵态氮，后期则以铵态氮较好。硝铵对烟草有特殊作用，能促进芳香族挥发油的形成和提高其燃烧性。

63. 硝酸铵肥料有什么特点？运输贮存中应注意哪些问题？

硝酸铵简称硝铵，是白色结晶，或被制成如尿素大小的颗粒状，含氮量33％～34％，其中硝酸态氮和铵态氮各占一半。它的阴离子部分（NO_3^-）和阳离子部分（NH_4^+）都能被作物吸收利用，除水田外对各种作物都适用。硝酸铵中的铵态氮能被土壤吸附，处于贮存状态，可陆续供给作物利用，而硝酸态氮则易溶解于土壤溶液，随水流动，活动性大，容易流失。硝酸铵极易溶于水，100克水能溶解188克硝酸铵。

硝酸铵的吸湿性大于硫酸铵和尿素，在湿润的空气中，极易潮解结块，运输贮存时要保持干燥通风，避免与碱性物质混合，以防引起氨的挥发损失。硝酸铵在受到冲击或在高温下（400℃以上），体积急剧增大，会引起强烈爆炸。所以，当硝酸铵结块时，只能用木棍轻压，而不能用铁锤猛砸，以防爆炸。硝酸铵还能助燃，要特别注意防火，不能和柴草、煤油、酒精、火柴、木炭等易燃物质一起存放。如硝酸铵中混杂了铜、锌、锡的粉末或有机物的粉尘，再遇到摩擦或撞击，就会引起温度升高，可能发生爆炸，因此，在硝酸铵中切不要混入以上物质。

64. 怎样施用硝酸铵？

硝酸铵中的氮素不易挥发损失，施用硝酸铵后，即使不覆土，氮素挥发损失也不及尿素和碳酸氢铵严重。但硝酸铵中的硝酸态氮容易随土壤水分流动或下渗而流失，在水田通气不良的还原层中，又易发生反硝化作用变成气态而损失。因此，硝酸铵不适于水田，如果一定要用，最好"少吃多餐"，分期施用。

硝酸铵是中性肥料，对种子的毒害作用比尿素、碳酸氢铵和氯化铵都小，最适合作种肥。尤其是小麦拌种混施，每公顷用量不超过75千克，在播种时与麦种混拌均匀，用播种机播种，既不影响下种均匀，又不影响小麦发芽，可增产 15%～20%。

硝酸铵作追肥时，点播作物如玉米、高粱等，可在植株旁 6～10 厘米远的地方刨坑，施肥后覆土；条播或密植作物，在距离植株 6～10 厘米远的地方开 3～6 厘米深的小沟，将肥料均匀地撒到沟内并覆土，但必须在干燥天气或待露水干后撒施，以避免硝酸铵粘在叶子上造成烧伤。有灌溉条件的，追肥后立即灌水，这样能更好地发挥肥效。

65. 碳酸氢铵是一种什么性质的肥料？

碳酸氢铵简称碳铵，含氮 17% 左右，是白色细粒结晶，有强烈的刺鼻氨味，易溶于水，100 克水中溶解 20 克。碳酸氢铵是速效性氮肥，水溶液呈碱性反应（pH 8.2～8.4）。碳酸氢铵含水量高（5.0%～6.5%），散落性差，易结成大块，给施肥带来困难。

碳酸氢铵是一种很不稳定的化合物，极易分解成氨、二氧化碳和水，包装破裂时容易造成大量的氮素挥发损失。影响碳酸氢铵分解的主要因素是温度和湿度，随着温度的升高、湿度的加大，其分解速度加快。为了减少碳酸氢铵的挥发损失，必须采取密封包装、密封贮存，并保持室内干燥，施用时注意深施覆土。

碳酸氢铵属于铵态氮肥，施入土壤后能很快溶于水，形成 NH_4^+ 和 HCO_3^-，两者均能被作物吸收，在土壤中不残留任何成分，因此，长期施用碳酸氢铵对土壤性状没有不良影响，并适用于各种土壤，对大多数作物均有良好效果。

碳酸氢铵与硫酸铵、氯化铵、硝酸铵一样，与碱性物质混合时，也能加速分解，使用时必须注意。

66. 施用碳酸氢铵的技术要点是什么？

许多试验证明，碳酸氢铵如果施用得当，其效果与等氮量的硝酸铵或尿素相似。

碳酸氢铵是一种碱性肥料，极易分解挥发损失，在施用中必须掌握以下技术要点：首先是深施覆土。研究结果证明，碳酸氢铵深施覆土可以提高肥效，深施 6～10 厘米且严密覆土比浅施的增产 5% 左右。其次是防止碳酸氢铵烧籽烧苗。作种肥时，每公顷用量不能超过 150 千克，肥料与种子的水平距离不能少于 6 厘米，肥料与种子的垂直距离不能少于 10 厘米。

碳酸氢铵作追肥时要距植株 6～10 厘米远，开沟或刨坑 10 厘米深左右，肥料施入后马上覆土。

水田在耙地之前，把碳酸氢铵撒施在田面，随即耙入土中，全层混合。一般掌握"重施底肥（占 60% 左右），稳施蘖肥，巧施穗肥"的原则，用量以每公顷施 450～600 千克为宜。

67. 碳酸氢铵为什么秋深施好？

碳酸氢铵作种肥时用量稍大就易烧籽烧苗，作追肥时由于施肥部位浅，易造成氮素大量挥发损失，影响化肥的增产效果，农民不愿意用。碳酸氢铵结合秋翻地或秋起垄前深施作底肥的技术措施，可防止或减少碳酸氢铵的挥发损失，克服种肥烧籽烧苗、追肥不宜深施的问题。

① 碳酸氢铵作底肥秋施增产效果显著，底肥深施的比追肥可使玉米多增产 6.6%～10.0%，小麦多增产 11.2%～12.3%，水稻因追肥方式与旱田不同，增产幅度小，在 1.2%～3.3%。

② 碳酸氢铵作底肥秋深施，在北方冬季严寒和早春气温低的条件下，经分析测定，土壤中氮素的数量和形态都没发生变化，10 月末施入的碳酸氢铵经过 6 个月在第二年 4 月中旬进行测定，土壤中的氮素仍以铵态氮（NH_4^+）的形态存在，5 月以后，氮素才开始转化和移动，在数量上只比施用当时减少 3.2%～5.8%，入夏后土壤中的速效氮减少 9.6%～14.9%。

在北方冬季严寒地区，碳酸氢铵作底肥秋深施是可行的技术措施，方法简便易行，在不增加肥料成本的情况下即可多增产。该技术措施在大田上可以采用，尤其对小麦等播种早、施种肥不宜深施和多施、追肥又不便于施用的作物更是一项好的施肥措施。

68. 怎样制造和使用碳酸氢铵球肥？

碳酸氢铵球肥是用碳酸氢铵加入一定数量的黏土压制而成的。一般用 600 千克碳酸氢铵加 900 千克黏土制成 1500 千克球肥，相当于每公顷的施肥量。球肥多作水田追肥插施，插秧田每四穴插一球，直播田每 20 厘米距离插一球，隔行插，插球深度 6~7 厘米左右。据南方试验，碳酸氢铵球肥深施较等量碳酸氢铵表施增产 15%～20%，碳酸氢铵利用率较表施提高 20%～30%。黑龙江省农业科学院土壤肥料与环境资源研究所在五常市试验证明，用 1∶1 的碳酸氢铵和过磷酸钙加黏土制球肥深施，较等量过磷酸钙作底肥、碳酸氢铵作追肥表施增产 16.6%。

插球深度以 6 厘米左右为宜，过浅会因肥料接近地表氧化层而增加养分损失，过深时肥效慢而容易引起后期贪青。追肥的时期一般应早于表施。北方地区水稻生育期较短，气候冷凉，单独使用碳酸氢铵球肥深施，易引起水稻贪青晚熟。因此，提倡制作氮磷混合球肥，配方为碳酸氢铵 20 千克、过磷酸钙 20～30 千克、黏土 50～60 千克。

69. 硫酸铵是什么性质的氮肥？

硫酸铵简称硫铵，含氮 20%～21%。硫酸铵的结晶由于制法不同，有的是柱状结晶，有的是粉末状小晶体，颜色因所用的原料不同，有白色、粉红色或淡绿色。硫酸铵易溶于水（20℃时，100 毫升水能溶解 75 克），吸湿性较小，便于贮藏，但在湿度大时也结块。硫酸铵性质稳定，是我国最早施用的氮肥品种之一，一般作为标准氮肥。

硫酸铵施入土壤后，迅速溶于土壤溶液中，并解离为铵根离子（NH_4^+）和硫酸根离子（SO_4^{2-}），二者均可被作物吸收利用。铵根离子一部分被作物吸收，另一部分被土壤颗粒表面吸附，不易被雨水淋失，可不断供给作物需要。硫酸根离子中的硫，虽然也是作物所需要的营养元素之一，但需要量很少，而且在土壤中不易流失，大量长期施用硫酸铵会在土壤中残留较多的 SO_4^{2-}，与 H^+ 结合后，使土壤变酸，所以硫酸铵属"生理酸性肥料"。

硫酸铵对土壤的影响随土壤性质而异，在酸性土壤上施用硫酸铵会进一步增加土壤酸性；在中性土壤上短期施用或配合大量有机肥施用，对土壤影响不大；在碱性土壤上施用硫酸铵，可以降低土壤的碱性，但必须深施覆土，防止氨的挥发损失。

70. 怎样施用硫酸铵？施用中应注意哪些问题？

硫酸铵可以作种肥，也可以作追肥施用，既适合水田又适合旱田。由于硫酸铵中的铵易被土壤吸附而不易流失，所以更适于在水田上施用。

硫酸铵作小麦种肥施用，每公顷施 37.5～75 千克时，可以拌种，但麦种和硫酸铵都必须是干的，现用现拌，以防影响种子发芽。大田作物用硫酸铵作种肥，最好施在种子的斜下方。条播作物可以先开沟条施肥料，然后播种。

在中耕作物上用硫酸铵作追肥时，可于定苗后将硫酸铵埯施或条施于植株旁侧 6～10 厘米处，追肥后蹚地覆土。

为了使硫酸铵更好地发挥增产效果，使用时应注意以下几个问题：

① 硫酸铵作种肥时不要与种子接触；作追肥时，不要大量地施在作物的根部，更不能在有露水或雨后叶面潮湿时粘在作物叶子上，否则有烧苗的危险。

② 硫酸铵在旱地施用时，特别是石灰性土壤要做到深施覆土，防止氮素损失。

③ 水田追施硫酸铵时，追肥前将水放干，或使水层保持在 1.5 厘米左右，在施肥后 6～7 天内不要放水，以防养分流失。最好在施肥后耙一次，使肥料与土壤充分混合。

71. 氨水是一种什么性质的肥料？

氨水是一种液体氮素化肥，含氮量一般为 15％～18％，纯净的氨水是没有颜色的，作肥料用的氨水由于在生产过程中混入杂质而呈淡黄色或黄褐色。现在农业生产上直接用氨水的情况已经很少。

氨水有强烈的臭味，对眼睛有刺激性，对伤口也有腐蚀性。氨水中的氨具有强烈的挥发性，其挥发程度与氨水的浓度、温度、放置时间、容器的密闭条件等有密切关系。氨水的浓度越大、放置的时间越长、温度越高，氨的挥发量越大。在 22～24℃ 下露天存放两天，氨水的挥发损失可达 90％。

氨水具有较强的腐蚀性，对铜、铁、铅等有强烈的腐蚀作用。

氨水是碱性溶液，作肥料用的氨水 pH 值在 10 左右。

氨水施入土壤后，一部分氨被土壤颗粒吸附，大部分氨经离子交换作用被土壤胶体吸附。氨水施入土壤后，在短期内能提高土壤碱度，但氨经离子交换被土壤胶体吸附或被硝化细菌硝化后，碱度随即消除，对作物生长的影响不大。可是，在碱性土壤上或石灰性土壤上施用氨水，氨的挥发损失大，施用时必须注意深施覆土。

72. 怎样施用氨水效果好？

氨水施用得当时，既增产又增收；施用不当时，不仅肥料效率不高，反而烧伤作物，导致减产，所以必须十分注意施用技术。

（1）旱田

① 翻地时施肥　用五铧犁翻地时，在每个铧子前头缚一个输肥管，氨水通过输肥管滴在垡片底下，翻地施肥后要及时耙压。

② 起垄时破垄夹肥　在破垄台时，把输肥管缚在七铧犁的前头，将氨水滴在垄沟里，合成新垄时，氨水被包在垄台内。

③ 追肥　结合中耕把氨水深追在距植株 10 厘米远的垄帮里，随后蹚地覆土。每公顷可施含氮 15％ 以上的氨水 300～450 千克。

（2）水田　作基肥（底肥）施用时，可在耙地前施，即泡田后将氨水均匀地施到田里，然后耙田，把氨水耙入耕作层中；作追肥时，与灌水结合，使其随水流入稻田内，每公顷用量 150 千克。

73. 氨水在贮存、运输和使用中应注意些什么问题？

由于氨水具有强烈的挥发性和腐蚀性，因此，在贮存、运输和施用上必须注意以下几点：

（1）防止氨气挥发　盛装氨水的容器必须严密封闭，存放时要避免高温和阳光直射。用敞口的容器装氨水时，上面须洒一层废机油，以减少氨的挥发。在出厂前，如往氨水中通入二氧化碳，制成碳酸铵溶液，也可以减少氨的挥发。

（2）防止腐蚀渗漏　运输、贮存氨水的容器和施用工具，如发现裂缝和漏洞要及时修补堵塞。如用铁器盛装氨水，要先将内壁漆一层红丹漆，上面再涂一层沥青。用木器盛装氨水时，内壁涂一层桐油或沥青。

氨水对铜的腐蚀性很大，所以容器的阀门、接头等部件都不要用铜制品。

氨水对塑料没有腐蚀作用，用塑料薄膜贮存氨水既经济又方便。根据氨水数量多少于阴凉处挖一地槽，将筒状薄膜套成双层，将一端扎紧顺着地槽摆好，从另一端灌入氨水后扎牢待用。

（3）施用氨水时防止氮素挥发损失，避免烧伤种子和植株　施用氨水要深施覆土，深施 10 厘米左右，可结合翻地施氨水作基肥，一季作物地区也可秋施。追肥时，施肥部位要距离植株 10～13 厘米远，追肥后立即覆土。水浇地可结合灌水施氨水，每公顷灌水 600 米³ 加入氨水 300 千克，既能减少挥发又不致引起烧苗。氨水一般不能作种肥施用，更不能用于塑料大棚、温室和水稻育秧。

74. 液氨肥料有什么特点？

液体氨简称液氨，是一种液体氮肥，也是目前含氮量最高的氮肥品种。液氨含氮 80%～84%，1 千克液氨相当于 5 千克碳酸氢铵、4 千克硫酸铵、1.8 千克尿素。氨在常温常压下是气体，在加压的情况下才为液体，所以叫液体氨。液氨的相对密度为 0.6，沸点 −33℃。气态氨无色，易溶于水，具有强烈的刺激性气味，有毒，和空气按一定比例混合时易燃、易爆。液氨的贮存、运输和施用都需要有专用的高压设备，盛装液氨的器具必须按试压规定，经过严密的试验检查。最好实行管道化、自动化、机械化施肥。

液氨具有强烈的挥发性和强碱性（pH 值在 10 左右）。液氨施入土壤后容易立即汽化，只有与土壤中水作用生成氢氧化铵后才可被土壤吸附。含有机质多的肥沃土壤，对氨的吸附能力强，可大大减少氨的挥发损失。

液氨施入土壤后，会使局部土壤的氨浓度大大提高，而使土壤的碱性暂时增强，pH 值可升至 10 以上。对于碱性土壤，如施用液氨，pH 值更高。

75．怎样施用液氨？

液氨是一种高浓度、挥发性很强的碱性液体氮肥，施用不当时会引起严重的氮素损失，并伤害作物，必须注意。液氨的施用方法主要有以下两种：

（1）用机械施　施肥深度以 13 厘米左右为好，施后要严密覆土。施肥时的土壤湿度以含水率在 20％左右为宜，在这个湿度下氨可以很好地被土壤所吸附。干燥或淹水的土壤都能促进氨的挥发，所以水田施液氨后，应待氨被土壤充分吸附后再灌水。

（2）随灌溉水施　将盛装液氨的钢瓶置于田间，经过减压装置减压后用管子将液氨插入灌溉水中，由计量器控制流量，使灌溉水中氨的浓度保持在 100 毫克/千克以内。

液氨可作基肥结合翻地或起垄施用，施用量以每公顷 75～112.5 千克为宜。

据北京市农林科学院试验，液氨与等氮量的碳酸氢铵粉状肥相比，增产率高 10％以上。施用液氨和施用固体氮肥相比，肥料成本节省 1/3～1/2。

76．氯化铵有哪些性质？适于在什么条件下施用？

氯化铵（NH_4Cl）是白色或淡黄色的结晶或小颗粒，是一种固体铵态氮肥，含氮 24％～25％。氯化铵易溶于水，吸湿性比硫酸铵大，易潮解，是生理酸性肥料。

氯化铵适用于玉米、小麦、水稻、高粱、蔬菜、麻类等作物。在亚麻、大麻等纤维作物上施用氯化铵的效果更好，因为氯有增强纤维韧性与拉力的作用。氯对硝化细菌有抑制作用，所以稻田施用氯化铵效果也好。但烟草、马铃薯、甘薯、葡萄等忌氯作物不宜大量施用氯化铵，以防降低品质。

氯化铵中的铵根离子被作物吸收后，氯离子就留在土壤中，在酸性土壤里氯离子与氢离子结合成为盐酸，会增加土壤的酸度。在石灰性土壤里，氯离子和钙离子结合生成氯化钙，在排水良好的土壤里，氯化钙易于被雨水或灌溉水淋洗掉；在排水不良的土壤或干旱地区土壤里，又会因氯化钙的积累而增加土壤溶液的盐浓度，对作物生长不利。所以，排水条件不好的盐碱地和干旱缺雨地区最好不施用氯化铵。

氯化铵可作基肥、追肥，不宜作种肥，更不宜用氯化铵拌种施用，以免影响种子发芽。氯化铵宜作基肥早施，以便借雨水、灌溉水预先把氯离子淋洗掉，以减轻对作物的危害，一般每公顷施用量187.5～262.5千克。氯化铵在施用方法上有如下要求：

（1）盐碱地和特别干旱的地区不宜施用，忌氯作物如烟草、马铃薯等不宜施用。

（2）单施氯化铵时应注意：①切忌直接接触种子，不可作种肥施用，否则会烧苗；②作基肥施用时，肥种距离不得少于10厘米，每公顷施用量不得超过255～300千克，最好是基肥、追肥结合进行；③水田施用氯化铵作基肥、追肥均很安全，追肥应以蘖肥为主，每公顷施用氯化铵总量为375～450千克。

（3）氯化铵与尿素混合施用较好，既避免了因氯化铵施用量过大而发生烧苗现象，又可提高尿素的肥效。

77．硝酸铵钙有什么性质？怎样施用？

硝酸铵钙又叫石灰硝铵，含氮20％～21％。硝酸铵钙和硝酸铵一样，其中铵态氮和硝酸态氮各占一半，并含有35％的碳酸钙和碳酸镁，呈浅灰色、淡黄色、绿色粉末或小颗粒状。

硝酸铵钙比硝酸铵的物理性质更好，吸湿性小，分散性好，不易结块，但在湿度大、温度高的情况下，若与空气接触也容易潮解。

硝酸铵钙的用法和硝酸铵相同，作旱田追肥时每公顷用量225～375千克。由于肥料里含有较多的碳酸钙，对于缺钙的酸性土壤更为适宜。硝酸铵钙不宜与过磷酸钙混合施用，以免降低过磷酸钙的肥效，但可以与过磷酸钙配合施用。

78．怎样施用硝酸钠？

硝酸钠是一种硝酸态氮肥，有天然产和人工制造两种，智利硝石就是天然的硝酸钠。硝酸钠含氮15％～16％，含钠26％，呈白色或黄褐色、浅灰色细粒状结晶。硝酸钠易溶于水，肥效快，吸湿性很强，易结块，贮存时要特别注意防潮，如果结块，使用前要用木棍打碎。硝酸钠有助燃性，贮存时不要与易燃物质一起存放。

硝酸钠中的氮素被作物吸收以后，剩下的钠残留在土壤中，长期施用会使土壤变成碱性，属生理碱性肥料。硝酸钠不宜在盐碱地上施用，以防使土壤的碱性更重，必要时应配合有机肥料施用。与磷、钾肥配合施用时要分别施用而不要混合，以防潮解结块和损失肥效。

硝酸钠对动物有毒害作用，牧草表施硝酸钠后应暂停放牧。

79. 怎样施用硫硝酸铵？

硫硝酸铵是硫酸铵与硝酸铵按一定的比例混合，在熔融情况下制成的一种氮肥，含氮 25%～27%，呈淡黄色颗粒状。硫硝酸铵中 3/4 是铵态氮，1/4 是硝酸态氮，它具有硫酸铵的性质，也具有硝酸铵的性质，但比硫酸铵的含氮量要高，比硝酸铵的吸湿性要低。

硫硝酸铵的施用方法、施用时期与硫酸铵或硝酸铵大体相同。硫硝酸铵适于各种土壤和作物，可用作种肥或追肥，最好作追肥使用。为避免硫硝酸铵中硝酸态氮流失，最好不在水田上使用。目前，硫硝酸铵每公顷施用量以 300～375 千克为宜。

80. 什么是氮肥增效剂？

氮肥增效剂也称硝化抑制剂，它是一种选择性抑制硝化细菌和亚硝化细菌的生命活动、延缓氮肥的转化、减少氮肥的淋失和反硝化损失、提高氮肥利用率的一种化学制剂。氮肥增效剂的种类很多，我国已经研制的有 2-氯-6-三氯甲基吡啶（简称西吡，代号 CP）、脒基硫脲（代号 ASU）、2-氨基-4-氯-6-甲基嘧啶（代号 AM）、硫脲（代号 TU 或 SU）、均三嗪等。

铵态氮肥施入土壤以后，铵根离子暂时被土壤所吸附，但由于土壤中的亚硝化细菌和硝化细菌的作用，铵态氮很快就被氧化成亚硝酸态氮和硝酸态氮。亚硝酸态氮和硝酸态氮不能被土壤吸附，极易流失。此外，在淹水条件下或通气不良的旱田中，由于反硝化细菌的作用，硝酸态氮脱氧生成氮气和一氧化氮而从土壤中逸失。这两个过程是氮肥在土壤中分解和损失的主要途径，氮肥增效剂就是抑制这种损失过程的物质。

氮肥增效剂具有以下特点：

① 在低用量下即对硝化微生物具有较强的选择性抑制，而对其他有益微生物无害；

② 在低用量下对作物和人畜无害；

③ 在作物体内和粮食中的残留量少。

使用氮肥增效剂有许多好处：

① 可以减少氮肥的养分损失，延长肥效期，提高肥料利用率；

② 可以节省肥料，在减少施肥量的情况下达到增产的目的；

③ 由于减少养分损失而降低施肥成本；

④ 由于抑制硝化作用，减少亚硝酸盐和硝酸盐在土壤和作物中的积累，减少了环境污染，提高了粮食和饲料作物的品质；

⑤ 施用氮肥增效剂提高了氮肥的利用率，因而节省了肥料开支。

81. 怎样使用"西吡"氮肥增效剂？

氮肥增效剂"西吡"（CP）对水稻、小麦、玉米、高粱、棉花、橡胶等作物都有不同程度的增产作用，增产幅度一般在 $5\% \sim 10\%$，在砂土和肥力低的土壤上效果更好。"西吡"对各种氮肥利用率提高的幅度为 $5\% \sim 9\%$。

使用方法是拌肥，即将"西吡"研成碎末，均匀混拌于氮肥中，为混拌均匀，可先将"西吡"混入细干土中，然后再往肥料中拌。"西吡"的适宜添加量是肥料含氮量的 2%，为了避免药害，施给大豆或其他豆科作物的氮肥，"西吡"的添加量不要超过 $1\% \sim 1.5\%$，每公顷用量在 60 克以内无害。

添加增效剂的氮肥施用时仍要深施覆土，因为增效剂不能抑制氨的挥发。添加增效剂的氮肥可比普通氮肥的施用量减少 $10\% \sim 15\%$，以防因延长肥效而使作物贪青晚熟。添加增效剂的氮肥配合磷、钾肥施用，可以进一步提高效果。

① 试验证明，"西吡"（CP）配合种肥比追肥效果好；

②"西吡"（CP）配合追肥使用时，宜早施、深施。

82. 氮肥深施有哪些好处？怎样施用？

氮肥深施就是用人工或施肥机具把肥料施入耕层，覆土10厘米深，不使肥料暴露于地表。这种施肥方法效果好的主要原因如下：

（1）能减少养分损失　氮肥大部分都有一定的挥发性，或者经过转化后产生挥发性，而深施覆土，用较厚的土层把肥料与大气隔开，能防止挥发，同时又能增强土壤对铵态氮的吸附，并减少流失。氮肥深施后，能使铵态氮处于嫌气状态，还能减缓硝化和反硝化作用所造成的损失，因而可提高肥效。据试验，深施比表施提高肥效0.5～1倍。

（2）有利于作物吸收养分　一般作物的根群主要集中分布在5～15厘米深度的土层当中，所以氮肥深施10厘米左右，可和作物根系广泛接触，增加作物吸收肥料的机会。特别在北方干旱地区，表层土壤经常处于干燥状态，肥料处在缺水的情况下，很难被作物吸收利用。而深层土壤的水分含量高于表土，因而能提高肥效。

（3）肥效持久　氮肥深施比表层撒施的肥效延长2～3倍。据调查，一般氮肥表施的肥效仅有10～20天，而深施的肥效长达30～60天，而且供肥性能稳、后劲足，克服了表施肥效期短与作物需肥期长的矛盾，避免了后期脱肥早衰。特别是耕层薄的土壤，经过深施肥后，逐步地把作物根系引向深层，经过较长时间可使土壤耕层加厚。

氮肥深施的方法因肥料品种、耕作方法、作物种类等条件而不同，大体有以下几种：

（1）耕层深施　尿素、碳酸氢铵和氨水在水田和旱田都可以作基肥深施。结合翻地起垄或耙地将肥料均匀地混合在耕层或埋在垄心里。此法保肥力强、肥效高，并简单易行。

（2）液体氮肥深施　把液体氮肥或尿素、硫酸铵等肥料的水溶液，用液体深层施肥器施到作物旁侧10厘米深处。

（3）球肥深施　将碳铵单独造粒或与磷肥、钾肥、土杂肥等配合造粒，用作水稻追肥，施于稻丛之间，一般四穴或两丛施一粒。

（4）中耕作物深追肥　玉米、甜菜、棉花等中耕作物，在生育中期深追氮肥有两种方法：一是结合中耕培土，在中耕犁上附加垄帮开沟部件和肥料箱，随追随覆土，省工高效；二是刨坑深追，随追随覆土。

83. 怎样根据土壤条件合理分配氮肥？

氮肥的品种很多，性质各不相同，要根据土壤条件选择和分配适宜品种的氮肥。对于酸性土壤应选用碱性或生理碱性氮肥，一方面可以降低土壤酸性，另一方面在酸性条件下有利于作物吸收硝酸态氮。而对于碱性土壤，就要选用酸性或生理酸性氮肥，比如硫酸铵等铵态氮肥，既能调节土壤碱性，又便于作物吸收铵态氮。在盐碱土上不宜施用含氯离子的氯化铵，以免增加盐分，影响作物生长。

除土壤本身性质与氮肥品种的选择和分配有密切关系外，土壤肥力高低与氮肥分配也有关系。肥沃土壤施氮肥的数量要少些，而且施氮肥时期不宜过晚，以免作物贪青晚熟。

84. 怎样根据作物营养特性合理分配氮肥？

各种作物对氮素营养的要求不一样，如玉米、水稻、小麦等禾谷类作物需要氮肥较多，而豆科作物能利用空气中的游离氮，对氮肥的需要量就少些，所以在分配氮肥时应重点供应需氮较多的作物。

不同作物对氮肥形态的选择也有所不同。水稻以铵态氮肥，如氯化铵、尿素和氨水等施用效果较好。马铃薯也是以铵态氮肥施用效果较好，由于硫对马铃薯生长有利，最好使用硫酸铵，而含氯离子的氯化铵会妨碍薯类淀粉的积累，应少用或不用。甜菜适于施硝酸态氮肥，以硝酸钠为最好。烟草以硝铵比较好，因硝酸态氮和铵态氮配合能改善烟叶的品质，含氯的氯化铵肥料，会降低烟草的燃烧性，应避免使用。一般铵态氮和硝酸态氮肥料对禾谷类作物都有效。

同一作物不同品种，耐肥能力都不一样，必须根据品种特性合理分配氮肥，以提高氮肥的经济效益。作物各个生育期施氮的效果也不一致。一般在作物需肥的关键时期，如营养临界期进行施肥，增产作用显著。如玉米在五六片叶时进行追肥效果最好，小麦在三叶期至分蘖期、大豆在分枝至开花始期施肥最好。考虑到各种作物不同生长发育阶段对养分的要求，掌握适宜的施肥时期和施肥量，是经济施用氮肥的关键措施之一。

85. 怎样根据氮肥品种特性合理施肥？

硝酸态氮肥在土壤中移动性大、肥效快，最好给旱田作物作追肥施用，水田追肥要用铵态氮肥或尿素。碳酸氢铵和氨水易挥发损失，适于作基肥深施，其他铵态氮肥品种如硫酸铵、氯化铵也可用作基肥深施。有些肥料对种子有毒害作用，如碳酸氢铵、氨水等不宜作种肥；尿素、硫酸铵、硝酸铵作种肥一定要与种子有一定距离（最好是种子侧下方 3～5 厘米处）。

在雨量偏少的干旱地区，硝酸态氮肥的淋失问题较小，因此在分配化肥时，以硝酸态氮肥较好；而在多雨地区和降雨季节，由于硝酸态氮肥容易淋失，以分配铵态氮肥和尿素较好。

86. 怎样鉴别各种氮肥？

区别不同氮肥品种，可通过外形、颜色、味、溶解度、受热变化等不同特性进行简易的鉴定。

（1）形态　除氨水和液体氨是液体外，其余氮肥都是固体结晶或颗粒。

（2）颜色　硝酸铵、尿素、硫酸铵、碳酸氢铵、氯化铵均为白色；硫硝酸铵、硝酸铵钙具有棕、黄、灰等杂色。

（3）嗅味　碳酸氢铵有浓氨味，副产硫酸铵有煤膏气味，其他固体氮肥均无味。

（4）在水中溶解状况　在玻璃杯或白瓷碗中放入清水，将肥料研成粉末放入水中，摇动后观察其溶解程度。硝酸铵钙部分溶解，其他氮肥都能在水中完全溶解。

（5）灼烧反应　把木炭烧红后，往上放少量肥料，根据其燃烧、熔化、烟色、烟味与残烬等情况，判断是什么氮肥。

①逐渐熔化，并出现"沸腾状"，冒白烟，可闻到氨味，有残烬，是硫酸铵。

②迅速熔化并消失，白烟甚浓，又闻到氨味和盐酸味，是氯化铵。

③逐步熔化时冒白烟，有氨味，是尿素。

④边熔化边燃烧，冒白烟，有氨味，是硝酸铵。

87. 怎样区别尿素和硝酸铵？

尿素和硝酸铵都是白色颗粒，颗粒的大小也一样。从外形上不好区别，但两者含氮量不同，必须分清是尿素还是硝酸铵才好确定施肥量。

区别的方法：

① 把少量尿素和硝酸铵分别放在两张纸上，用火柴点燃，尿素不燃烧，硝酸铵燃烧并发出噼啪声；

② 将尿素和硝酸铵分别放入两个碗中，加入大豆粉，放进温水后搅拌，放在稍微热点的地方，1 小时以后闻到有氨味的是尿素，没有氨味的是硝酸铵。

88. 常用氮肥品种间怎样互相换算施用量？

表 4 为常用氮肥用量相互换算表，可供施肥时对照参考。

表 4 常用氮肥用量相互换算表

肥料名称及含量	公顷施用量/千克							
碳酸氢铵（17%）	15	150	225	300	375	450	525	600
硫酸铵（21%）	12	120	180	240	300	360	420	480
硝酸铵（34%）	7.5	75	112.5	150	187.5	225	262.5	300
尿素（46%）	5.55	55.5	84	111	117	121.5	172.5	222
氨水（17%）	15	150	225	300	375	450	525	600
氯化铵（25%）	10.2	102	153	204	255	306	357	408

二、磷肥

89. 磷素在作物生长发育中有哪些作用？

磷素（P_2O_5）是作物生长发育不可缺少的营养元素之一。作物对磷的需要量仅次于氮和钾。磷多存在于作物的生长点和果实种子之中，在作物籽实中磷的含量为 $0.7\% \sim 1.7\%$，在茎叶中的含量为 $0.1\% \sim 0.5\%$。作物体内许多重要的有机化合物，如核酸、核蛋白、磷酸腺苷、磷脂和很多酶的成分中都含有磷。多种农产品的组成成分中，氮和磷的含量大体是 3：1 的重量比例。

磷在作物营养中的作用是多方面的：

① 磷影响细胞的增殖。植物体的生长是体内细胞不断增多和增大的结果，而细胞的增多，又是靠细胞核分裂形成新细胞。磷就是细胞核的主要成分，缺乏磷时，细胞核的分裂减慢，影响作物的生长和发育。

② 磷对作物吸收养分有很大的促进作用。磷能促进根系发育，扩大其吸收营养的范围。磷在植物体内存在的形式之一是磷脂，它具有亲水性，能和很多水分结合，提高细胞渗透压，有利于吸收养分。

③ 磷是酶的主要成分之一，在作物养分的转化过程中，有极其重要的作用。糖类和含氮化合物的合成、水解和转移，都要有磷参加。因此，施用磷肥能促进作物开花结实，提早成熟，穗粒增多，籽实饱满。特别是在低温年份，对籽实成熟不利时，磷肥的促熟作用更为明显。磷还能提高甜菜的含糖量和大豆的含油量、马铃薯的淀粉含量。

④ 磷能提高植物细胞质的缓冲性能，增加植物对外界不良环境的抗御能力。所以，增施磷肥，能增强作物的抗旱、抗寒、抗病能力。磷能提高细胞液的黏度，使蒸腾作用降低而提高作物的抗旱性。磷还能促进根系发育，加强其对土壤水分的利用，从另一方面提高作物的抗旱性。磷还能促进作物体内糖类的合成、积累，使细胞液浓度升高、冰点下降，因而能提高作物的抗寒性。施磷肥能增强马铃薯对晚疫病的抵抗力。

从作物的生理需要来讲，幼苗时期对磷的需要最为迫切，苗期缺磷所遭受的损害，在后期施磷肥是无法补救的。前期施磷肥，虽然有时在作物的茎叶等生长发育表现上不太明显，但对作物体内一系列的生物化学变化却起了良好的促进作用，这些作用表现在后期籽实的产量与品质上。

90. 作物吸收利用什么形态的磷？

作物主要吸收正磷酸盐，也能吸收偏磷酸盐和焦磷酸盐。磷酸根离子为三价的酸根离子，可以生成 $H_2PO_4^-$、HPO_4^{2-} 和 PO_4^{3-} 三种离子，其中 $H_2PO_4^-$ 最易被作物吸收，HPO_4^{2-} 次之，而 PO_4^{3-} 则较难被吸收。

作物不仅能吸收无机磷酸盐，也能吸收某些有机磷化合物，如己糖磷酸酯、蔗糖磷酸酯、甘油磷酸酯，甚至分子量较大的核酸等。用^{32}P标记核糖核酸在水稻上进行的试验表明：幼苗的根不仅能吸收核糖核酸，而且吸收的速率甚至超过无机磷酸盐。核糖核酸的吸收可促进根系对氮的吸收和体内蛋白质的合成，所以在生产实践中，不可忽视施用有机肥料中所含有机磷对作物营养的作用。

此外，作物还能吸收难溶性磷，如油菜、荞麦、大麻及某些经济林木等，都有较强的吸收难溶性磷的能力，一般来说，双子叶植物对难溶性磷的吸收能力强，十字花科植物对难溶性磷的吸收能力也比较强。

91. 哪些因素影响作物吸收磷？

作物进行根部营养吸收的主要途径是根系截获、质流和扩散，而作物-土壤-营养体系又处在动态平衡中，因此影响作物吸收磷的因素很多。

（1）作物种类　喜磷作物吸收磷的能力比一般作物强。根系发达的作物，可增大根部对磷的截获量，也可缩短磷扩散到根部的距离，从而增加扩散作用所供应的磷素总量，在同一时间内，有根毛的根比没有根毛的根所吸收磷的量要多3～4倍。

（2）土壤供磷状况　土壤中磷的强度因素、容量因素、扩散系数和缓冲能力均强烈地影响作物对磷的吸收。土壤溶液中磷素的浓度小于0.03毫克/升时，作物对磷的吸收作用显著减弱，甚至完全不能吸收，可见磷的强度因素控制着根对磷的吸收速率。不同土壤中磷的含量约相差40～50倍，因此，土壤磷的容量因素关系到不断补给土壤溶液中磷的能力。磷的扩散系数约为10^{-9}厘米^2/秒，扩散系数影响着磷素向根表的移动速率。

（3）溶液中的其他离子和水分含量，以及温度、通气性、光照等环境条件　溶液中的NH_4^+、K^+、Mg^{2+}等阳离子的存在，均能促进作物对磷的吸收，但浓度较高的Ca^{2+}、Fe^{2+}以及NO_3^-、Cl^-、OH^-等阴离子都能降低作物对磷的吸收速率。SO_4^{2-}在酸性土壤中降低作物对磷的吸收速率，而在石灰性土壤中能提高作物对磷的吸收速率。水分影响磷的有效性及其向根际的移动速率。通气不良、低温和光照不足，都会显著降低作物根系的吸磷能力。

92. 磷在土壤中以什么形态存在？

土壤中磷（P_2O_5）按形态分为有机态磷和无机态磷两大类：

（1）有机态磷　有机态磷占全磷的 $10\%\sim30\%$，以磷脂、核酸、核蛋白等形式存在，来源于有机肥和生物的残体，需要经过土壤微生物的分解后，才能被作物吸收利用。

（2）无机态磷　无机态磷以磷酸盐形式存在，占全磷的 $70\%\sim90\%$，其含量多少与土壤母质关系密切，根据作物吸收的程度又可分为三类：

① 水溶性磷酸盐　溶于水，如磷酸一钙 $[Ca(H_2PO_4)_2]$、磷酸二氢钾 （KH_2PO_4）等。水溶性磷酸盐易被作物吸收利用，但含量少又极不稳定。

② 枸溶性磷酸盐　溶于弱酸，不溶于水，如磷酸二钙（$CaHPO_4$）、磷酸二镁 （$MgHPO_4$）等。它们多分布在中性土壤中，易被根部分泌物溶解，转化为水溶性磷酸盐。

③ 难溶性磷酸盐　只能溶于强酸，如磷酸三钙 $[Ca_3(PO_4)_2]$、磷酸铁 （$FePO_4$）等，它们是土壤无机态磷的主要成分，作物很难吸收。

在土壤无机态磷和有机态磷中，有少部分能被作物当年吸收利用，这部分磷称土壤速效磷，其含量不足全磷的 1%。土壤速效磷以枸溶性磷酸盐和水溶性磷酸盐为主，其含量多少与土壤熟化程度、有机肥施用量等条件有关。

93. 磷在土壤中有什么变化？

磷在土壤中存在的形态分有机态磷和无机态磷，无机态磷又分为水溶性磷、枸溶性磷和难溶性磷。各种形态的磷不是一成不变的，而是在一定条件下会相互转化的。难溶性磷酸盐可以转变为水溶性磷酸盐，其有效性提高，该转变过程是有效化的过程，也称为磷的释放。水溶性磷酸盐也可转变为难溶性磷酸盐，其有效性下降，该转变过程是无效化的过程，也称为磷的固定。

（1）磷的释放　土壤中磷的释放主要与以下土壤条件密切相关：

① 土壤有机质　有机质为微生物提供能源，有利于微生物的繁殖，微生物中的磷细菌在适宜的条件下，能使土壤中的难溶性磷逐渐

分解为速效磷。同时，土壤有机质在微生物的作用下，产生的二氧化碳和有机酸类物质也能加速磷的释放。

② 土壤酸碱度　中性土壤中不仅速效磷比较稳定，而且微生物生长良好。因此，酸性土壤、碱性土壤分别加入适量的石灰、磷石膏中和，既能减少速效磷的固定，又有利于难溶性磷的释放。

③ 土壤水分　酸性土壤在淹水状况下，pH值提高，还原性增强，一部分闭蓄态磷酸铁还原为非闭蓄态磷酸铁，提高了土壤速效磷含量；相反在干旱条件下，土壤速效磷含量降低。

(2) 磷的固定　土壤中磷的固定是一个很复杂的过程。

① 在酸性土壤中，速效磷主要被土壤中铁、铝固定，生成难溶性的磷酸铁和磷酸铝，溶解度降低，作物很难吸收利用。

② 在接近中性的土壤中，速效磷大部分与土壤中的钙离子（Ca^{2+}）结合生成磷酸二钙，另一部分被土壤中的镁离子（Mg^{2+}）固定，生成磷酸二镁，不易被作物吸收利用。

所以，速效磷在接近中性、石灰性的土壤中比较稳定。它主要被固定成为磷酸二钙，吸附在土粒表面，易被土壤中的酸性物质转化为磷酸一钙。而在酸性土壤中磷的固定严重得多。我们可以采取增施有机肥、调节土壤酸碱度、改善土壤水分等农业措施来减少磷的固定，促进磷的释放。

94. 作物缺磷和施磷过多时有什么症状？

作物缺磷时，各种代谢过程受到抑制，植株矮小，生长缓慢，成熟延迟。缺磷时，植株叶色暗绿或灰绿，缺乏光泽，这主要是由于植株叶片发育不良，细胞变小，叶绿素减少。而细胞变小的程度又大于叶绿素减少的程度，致使叶绿素密度相对提高。同时，植株缺磷，有利于铁的吸收和利用，间接地促进了叶绿素的合成，使叶色变深暗。当缺磷严重时，植株内糖类相对累积，会形成较多的花青素。如玉米、番茄和油菜缺磷时，茎叶上明显地呈现紫红色的条纹或斑点，从下部叶子开始，叶缘逐渐变黄，然后枯死脱落，茎细小，根不发达。

缺磷使禾谷类作物分蘖延迟或不分蘖，延迟抽穗、开花和成熟，种子小而不饱满，千粒重低。如玉米果穗常产生秃尖，油菜落荚，果树花果脱落，马铃薯的薯块变小、耐贮性差。

磷素过多对作物也会产生不良影响，因为磷素过多时，可强烈地促进作物的呼吸作用，从而消耗大量糖分。所以谷类作物无效分蘖和秕粒增加，叶肥厚而密集，植株矮小，繁殖器官早熟、个小，茎叶生长受到抑制，早衰，根茎叶之比变大；叶菜类纤维增多；烟草的燃烧程度差；豆科作物籽粒中蛋白质含量降低，品质变劣。磷素过多，能阻碍硅的吸收，水稻容易发生稻瘟病。水溶性磷酸盐可与土壤中锌、铁、镁等营养元素生成溶解度较小的化合物，从而降低这些元素的有效性，使作物对这些元素的吸收量减少。因此，作物因磷素过多而引起的病症，通常以缺锌、缺铁、缺锰等的失绿症表现出来。

95．磷肥有哪些种类？

目前我国常用的磷肥，按其性质可作如下分类：

（1）按肥效快慢分类

速效性磷肥：过磷酸钙、重过磷酸钙。

半速效性磷肥：钙镁磷肥。

迟效性磷肥：磷矿粉肥。

（2）按酸碱性分类

酸性磷肥：过磷酸钙。

碱性磷肥：钙镁磷肥、钢渣磷肥。

（3）按形态分类

粉状磷肥：粉状过磷酸钙、粉状钙镁磷肥。

粒状磷肥：粒状过磷酸钙、粒状重过磷酸钙。

（4）按制法分类

酸法磷肥：过磷酸钙。

热法磷肥：钙镁磷肥。

（5）按可溶性分类

水溶性磷肥：过磷酸钙、重过磷酸钙。

枸溶性磷肥：钢渣磷肥、钙镁磷肥。

难溶性磷肥：磷矿粉肥。

96．什么是水溶性磷肥、枸溶性磷肥、难溶性磷肥？

（1）水溶性磷肥　如过磷酸钙、重过磷酸钙等，这些肥料中的主要成分是磷酸一钙，能溶于水，作物能直接吸收利用，养分高，肥效快，通常被称为速效性磷肥。

（2）枸溶性磷肥（又叫弱酸溶性磷肥）　即肥料中含有的磷酸盐不溶于水，而能溶于枸橼酸（即柠檬酸）等弱酸。如钙镁磷肥就属于枸溶性磷肥，施入土壤后依靠土壤中的酸和作物根系分泌的酸逐渐溶解而被作物吸收利用。

（3）难溶性磷肥　如磷矿粉肥等，这类磷肥的肥效慢，后效较长，主要依靠土壤中的酸作用，使其慢慢溶解。难溶性磷肥适用于酸性土壤作基肥，或用于贮备施肥。

97. 过磷酸钙是什么性质的肥料？怎样施用？

过磷酸钙又叫过磷酸石灰，我国北方一些省份，习惯于将其简称为"过石"，为了区别于重过磷酸钙，国内把含磷 12%～18% 的过磷酸钙叫作普通过磷酸钙，所以又简称为"普钙"。

过磷酸钙是磷矿石经过粉碎后加入硫酸制成的。所以过磷酸钙不是一种单纯的化合物，而是多种化合物的混合体，它的主要成分是磷酸一钙 [$Ca(H_2PO_4)_2 \cdot H_2O$]，副成分是硫酸钙（$CaSO_4 \cdot 2H_2O$），还有少量的游离磷酸、游离硫酸、磷酸二钙、磷酸铁、铝和未分解的磷矿粉。所以普通过磷酸钙除能供给作物磷素营养外，还有提供钙、硫、铁等元素的作用。由于其含有大量的硫酸钙和游离酸，因此还有改良盐碱土的作用。

过磷酸钙是灰白色的，有粉状和粒状两种。成品中有效磷及其他成分的含量，按国家规定标准分级见表 5。

表 5　过磷酸钙成品级别规格

成　　分		级　　　别							
		特级	一级	二级		三级		四级	
				A	B	A	B	A	B
有效磷(P_2O_5)/%	≥	20	18	17	16	15	14	13	12
游离酸/%	≤	3.5	5	5.5	5.5	5.5	5.5	5.5	5.5
水分/%	≤	8	12	14	14	14	14	14	14

过磷酸钙是速效性磷肥，其主要成分磷酸一钙是水溶性的，所含

少量磷酸二钙为弱酸溶性，均能被作物吸收利用。过磷酸钙中一般含有 3％～5％ 的游离酸，是化学酸性肥料，能腐蚀麻袋等包装用品和金属的施肥机具，施肥后需要及时清理干净。种子和幼苗接触过磷酸钙也常发生危害，因此施用时要和种子及幼苗保持 1～2 厘米以上的距离。

过磷酸钙适用于各类土壤和各种作物，可作基肥、种肥和追肥。施肥量少时可作种肥条施或穴施，把肥料施在种子斜下方 3～5 厘米处；施肥量高时（公顷施用量 375 千克以上），可用一部分作基肥，一部分作种肥，进行分层施肥，这样施肥既能供应作物幼苗磷素营养，又能满足作物生长后期对磷的需要，并增加磷肥和作物根系的接触面积，便于吸收利用。

磷肥作追肥时，一定要早施，且深施到根系密集的土层中，否则效果不好。

根外追施过磷酸钙，是以少量肥料获得较好效果的措施，一般在作物开花前后施用，施用浓度为 1％～3％。具体做法是：5 千克过磷酸钙加水 50 千克，制成 10％ 的原液，充分搅拌，静置过夜，定量地取出上部澄清溶液，加水稀释到规定的浓度，每次每公顷喷施 750～1125 千克，喷施一般在早晨无露水时或傍晚进行，使溶液在叶面保留一段时间，以便于吸收。

98. 过磷酸钙施入土壤后会发生哪些变化?

过磷酸钙施入土壤后，会进行各种化学的、物理学的和生物学的转化。各地实践证明，过磷酸钙的利用率较低，一般只有 10％～25％，其主要原因是生成了溶解度低、有效性较差的稳定性磷化合物。

当过磷酸钙施入土壤后，水分从土壤周围向施肥点汇集，使磷酸一钙溶解和水解，形成一种磷酸一钙、磷酸和含水磷酸二钙的饱和溶液，其磷酸根离子的浓度比原来土壤溶液高，与周围溶液形成了浓度差，磷酸根离子就不断地向四周土壤中扩散。在扩散过程中，磷酸根离子逐步与土壤中多种离子起反应，同时，磷酸一钙溶解后，会引起微域土壤溶液 pH 急剧下降，把土壤中的铁、铝、钙、镁等成分溶解出来，与磷酸根离子发生化学反应，形成不同溶解度的磷酸盐沉淀。

在石灰性土壤中，过磷酸钙中的磷酸一钙与土壤中的钙离子结合，转化为含水磷酸二钙、无水磷酸二钙和磷酸八钙等中间产物，最后大部分经水解形成稳定的磷灰石。

在酸性土壤中，过磷酸钙的磷酸根离子与土壤中的铁离子、铝离子或土壤胶体上的代换性铁、铝作用，生成磷酸铁、磷酸铝沉淀，经水解又可生成粉红磷铁矿、胶态磷酸铁以及各种磷铝石等，因而其有效性差，随着时间的延长，这些磷酸盐不断老化，或在土壤氧化还原电位交替变换的条件下，形成闭蓄态磷酸盐。酸性土壤中还含有较多的氢氧化铁、氢氧化铝和氧化物，如针铁矿以及黏土矿。过磷酸钙施入酸性土壤后，磷酸根离子在扩散中与铁、铝反应，生成磷酸铁、磷酸铝沉淀，或进行阴离子交换而被吸附在土壤胶体上面。

在中性和微酸性土壤中施入过磷酸钙，其有效性最高。pH值为6.5～7.5的土壤，磷肥施入后以磷酸一氢离子和磷酸二氢离子的形态存在，这是对作物最有效、最易被吸收利用的形态。

99. 怎样提高过磷酸钙的利用率？

过磷酸钙的利用率比较低，当季作物仅能利用10%～25%，那么，怎样才能提高其利用率呢？

(1) 过磷酸钙施在缺磷的土壤上　一般情况下，耕种年限长、有机肥料施得多、近年来多次施用磷肥或磷肥施用量大的地块，土壤速效磷含量高，施用过磷酸钙的效果差。而离村屯较远、历年施有机肥料少、施用磷肥年限短且用量又小的地块速效磷含量低，施用过磷酸钙的效果好。所以应把过磷酸钙首先施在这些缺磷的土壤上。

(2) 过磷酸钙与氮肥配合施用　过磷酸钙与尿素、硝酸铵等氮肥配合施用，可提高肥效。适宜的氮磷比例是提高磷肥增产效益的前提。在缺磷又缺氮的低产土壤上，氮肥与磷肥配合施用，可以互相促进，表现出连应效果。在土壤有效氮比较丰富、有效磷相对偏低，即氮磷比例失调的土壤上，配合施用磷肥的效果更为突出。氮、磷肥配合的比例因土壤和作物种类不同而异，一般禾谷类作物的适宜氮磷比例为2∶1或1∶1，豆科作物为1∶1.5或1∶2左右。

氮肥对过磷酸钙肥效的促进作用与氮肥的施用方法、氮肥形态等有关。如氮、磷肥混合施用比分别施用肥效高，铵态氮肥配合过磷酸钙施用比硝酸态氮肥效果好。

（3）过磷酸钙与有机肥料混合施用　过磷酸钙与有机肥料混合施用为什么会提高磷的有效性呢？这是由于过磷酸钙与有机肥料混合时，可以减少过磷酸钙与土壤直接接触而被固定的机会。被有机肥料包围的过磷酸钙颗粒，可在土壤溶液中慢慢释放出磷素供作物利用。

有机肥料与过磷酸钙混合施用还能抑制过磷酸钙中的磷酸转化为溶解性低的磷酸盐。有机肥料中的一些有机酸如柠檬酸、草酸、丙二酸、苹果酸和酒石酸等能使钙沉淀，从而减少磷酸转化为不溶性的钙磷酸盐，提高磷的有效性。

（4）集中施，深施　磷肥无论作基肥还是种肥，都以集中施用的效果好。其原因是集中施用能减少肥料和土壤的接触面，从而减少磷的固定，同时提高了局部环境中磷酸的浓度，形成施肥点和作物根系的浓度差，有利于磷酸根离子向根系扩散而被根系吸收。

磷肥应该深施，把肥料施在作物根系的密集层中。当前，生产上用磷肥作种肥，施肥部位普遍偏浅。磷的移动性小，随着作物的生长，当根系下扎后，磷肥不能被充分吸收利用，因而肥效低。为了解决这个问题，最好采用分层施肥的方法，将约1/3的磷肥在播种时作种肥施用，以供作物生长初期吸收利用，其余的2/3预先在耕翻地时作基肥施入根系密集的深层土中，这部分磷素可满足作物中、后期生长发育对磷的要求。

100. 什么是重过磷酸钙？怎样施用？

重过磷酸钙，含水溶性磷（P_2O_5）36%～52%，是现有磷肥中含有效成分最高的一种化学磷肥。因为含磷量三倍于普通过磷酸钙，所以叫重过磷酸钙或三料过磷酸钙（北方习惯简称为"三料磷肥"）。

重过磷酸钙为灰白色颗粒状，它的主要成分是水溶性的磷酸一钙 $[Ca(HPO_4)_2 \cdot H_2O]$。不含硫酸钙，易溶于水，呈酸性反应，酸性和腐蚀性均比过磷酸钙小。

施用方法：重过磷酸钙含磷量高，用量要比过磷酸钙少，应根据土壤条件和作物种类确定施用量，一般每公顷施75～150千克。重过磷酸钙在土壤中移动性很小，应作种肥条施或穴施，以保证作物幼苗的良好发育，奠定早熟高产的基础。

101. 什么是钙镁磷肥？怎样施用？

钙镁磷肥是灰绿色或浅灰色的粉末，不溶于水，只溶于弱酸，不吸湿，不结块，呈微碱性，没有腐蚀性。

钙镁磷肥含枸溶性磷（P_2O_5）14%～18%、氧化钙25%～30%、氧化镁15%～18%，主要成分为 $\alpha\text{-}Ca_3(PO_4)_2$。钙镁磷肥的细度越细越好，一般要求有20%以上的钙镁磷肥通过80目筛。

钙镁磷肥有中和土壤酸度和降低土壤中铁、铝危害的性能，同时，除供应磷素外，还能补充土壤中的钙、镁、硅等元素，既能改善土壤的物理化学性状，又能改善作物的营养条件。由于钙镁磷肥不溶于水，只能靠土壤中的酸和作物根系分泌的弱酸来溶解，因此在南方酸性土壤上，当季肥效与过磷酸钙大致相似，在中性和石灰性土壤上的当季肥效比过磷酸钙差。

在施肥方法上，钙镁磷肥要早施、深施。钙镁磷肥的肥效比较迟缓，在土壤中经过分解才能被作物吸收利用，只有早些施用才能满足作物苗期对磷的需要。一般作基肥或种肥施用，每公顷用量225～375千克。深施效果好，同时要集中施在根系附近。通过根系分泌的酸使钙镁磷肥溶解，便于作物吸收利用。钙镁磷肥最好与过磷酸钙配合施用，这样既能消除过磷酸钙中的游离酸，又能促进钙镁磷肥溶解，提高肥效。

钙镁磷肥的施肥效果与作物种类关系较大。它对水稻、玉米、小麦等作物的施肥效果一般为过磷酸钙的70%～80%，对油菜和豆科绿肥，其肥效略高于过磷酸钙。不同的作物对钙镁磷肥具有不同的利用能力。因此，在轮作中，钙镁磷肥应优先在油菜、萝卜、豆科绿肥、豆类、瓜类等吸收能力强的作物上施用。

102. 钙镁磷肥施在什么土壤上效果好？

钙镁磷肥是碱性肥料，除含磷外，还含有钙、镁等元素，最适合施在酸性土壤、中性土壤以及缺镁的砂性土壤上面。施在碱性土壤上的效果不如过磷酸钙，而施在酸性土壤上的效果有时甚至比过磷酸钙还好。这是因为酸性土壤的酸度能较快地使肥料中的磷溶解出来供作物利用，这种碱性肥料又能使土壤局部的酸性降低，从而改善作物的生长环境。除此之外，酸性土壤大多缺乏镁素，钙镁磷肥还能为作物提供镁和钙等养分，所以增产效果好。黑龙江省在微酸性的白浆土上施用钙镁磷肥效果较好。吉林省在东部山区和半山区微酸性土壤上施用钙镁磷肥比在碱性土壤和中性土壤上的增产幅度大。

103. 怎样施用钢渣磷肥？

钢渣磷肥是炼钢工业的副产品，为黑褐色粉末，呈强碱性，具有良好的物理性状，含磷12%～18%。其主要成分是磷酸四钙和磷酸四钙与硅酸钙的复盐，不溶于水，而易溶于弱酸，宜作底肥施用，有较长的后效。

钢渣磷肥是碱性很强的肥料，含45%～55%的石灰，在酸性土壤上施用的效果很好，但不适合在碱性土壤上施用，也不宜和其他速效氮肥混合施用，以免使氮肥中的氨挥发损失。与有机肥料一起堆沤，不仅能提高钢渣磷肥的肥效，还能加速有机肥料的腐熟。

钢渣磷肥是一种多养分的肥料，除了磷、钙之外，还含有铁（12%～16%）、镁（2%～4%）、锰（5%～6%）、硅（6%～8%）以及少量的铜、锌、钼等微量元素。因含有多量氧化钙，其对喜钙的豆科作物效果好。钢渣磷肥含有硅，用于水稻上能使茎秆健壮，提高水稻的抗倒伏能力。一般每公顷用量为450～600千克。

104. 脱氟磷肥是什么性质的肥料？

脱氟磷肥是白色或浅灰色粉末，主要成分为磷酸三钙。由烧结法制造的脱氟磷肥有两种，含磷分别为19%～20%和32%～38%。由熔融法制造的脱氟磷肥含磷20%～22%，是一种弱酸溶性磷肥，不吸潮，不结块，无腐蚀性，久存也不降低肥效。脱氟磷肥与钙镁磷肥、钢渣磷肥性质相似，在酸性土壤中的效果较好。其肥效比过磷酸钙稍慢，但后效较长，施用方法参照钙镁磷肥。

105. 磷矿粉肥是什么性质的肥料？

磷矿粉肥是磷矿石经机械磨细，不经任何化学处理而制成的一种迟效性磷肥。由于磷矿石的品位不同，加工出的磷矿粉肥含磷量不同，肥效也不同。我国几种磷矿粉的主要化学组成见表6。

表 6　我国几种磷矿粉的主要化学组成　　　单位：%

磷矿产地	全磷(P₂O₅)	2%柠檬酸溶性有效磷		CO₂	F	CaO
		绝对百分含量	占全磷百分数			
贵州开阳	35.98	8.41	23.40	1.70	4.00	50.67
云南昆阳	38.10	7.96	20.90	1.20	3.85	53.77
湖北襄阳	32.44	5.22	16.10	0.38	2.08	—
湖南湘阴	33.59	5.24	15.60	0.25	2.64	45.41
四川什邡	40.92	5.14	12.64	0.80	3.55	53.39
安徽凤台	38.59	6.88	17.82	2.56	3.23	55.22
贵州遵义	40.50	4.62	11.40	0.94	3.37	55.07
湖北荆门	40.72	4.77	11.17	0.36	3.62	55.75

由于磷矿石的形成、来源不同，大致可将磷矿石分为三类：一类是火成磷酸盐矿，或者是沉积后经过变质的磷酸盐矿，一般称为磷灰石；另一类是来自沉积的次生磷酸盐矿的磷块岩，其中风化较深的通常称为磷灰土，在我国多分布在西南、中南等广大地区，这类磷矿石一般贮量大、品位较高，含磷量可达 25%～30%；最后一类是鸟粪磷矿，它是由一些近代的生物个体、粪便在大洋的珊瑚岛或海洋边的洞穴中堆积而成，这种磷矿石在我国的南海诸岛如海南岛、西沙群岛等地都有分布，是一种优质的磷矿资源，可直接施用并具有良好的肥效。

106. 怎样施用磷矿粉肥？

磷矿粉肥是将磷矿石粉碎、磨细而成的粉状磷肥，磨得越细，肥效越高，一般规定要磨细到使 80%以上的磷矿粉通过 100 目筛。

磷矿粉肥可以单独施用，但最好是与其他肥料配合施用。

（1）直接单施　对于玉米、谷子、高粱、大豆，磷矿粉肥可作种肥条施或穴施；对于小麦、水稻，磷矿粉肥可在耙地前撒施作基肥。

（2）与氮肥配合施用　磷矿粉肥与氮肥配合施用，因满足了作物生长发育所需的氮素营养，作物生长得健壮，增强了吸收利用磷矿粉肥中磷素的能力，从而能提高磷矿粉肥的肥效。黑龙江省的试验证明，用磷矿粉肥作种肥、硝酸铵作追肥，以单施硝酸铵为对比，每千克磷矿粉肥增产粮食 0.439 千克；不追硝酸铵只施磷矿粉肥，则每千克磷矿粉肥增产粮食 0.219 千克。

（3）与过磷酸钙配合施用　磷矿粉肥与少量过磷酸钙配合施用，可满足作物生长发育初期需要的速效磷，当作物的吸收能力增强后，再利用磷矿粉肥中的磷，这样配合施用可以显著提高作物产量。

（4）与有机肥料混合发酵后施用　有机肥料与磷矿粉肥混合发酵后施用，可提高磷矿粉肥的肥效。

107．为什么要把粉状过磷酸钙制成颗粒？

过磷酸钙有粒状和粉状两种。一般地方小型磷肥厂生产的过磷酸钙多为粉状。粉状过磷酸钙施到田间后，它所含的水溶性磷很快就溶解于土壤水分中，非常容易与土壤中的钙、铁、铝等元素发生化学反应，变成不溶性磷酸盐，而使过磷酸钙外层的肥效大为降低。据试验，粉状过磷酸钙直接施用时，当年的利用率只有 $10\% \sim 15\%$，加上二三年的后效，也不到 50%。

为了减少磷的固定，最好的办法是将过磷酸钙制成颗粒状施用，这样大大减少了磷素成分与土壤的接触面积，因而就减少了磷被土壤固定的机会。另外，施用颗粒状过磷酸钙，可以在土壤中形成磷素养分含量较高的区域，供作物吸收利用，而这个区域周围的土壤，则不至于因磷素浓度过高而影响土壤微生物的活动。颗粒状过磷酸钙的另一个优点是便于机械施用，下肥均匀，节省劳力，提高工作效率。

108．怎样鉴别磷肥？

磷肥有很多种类，要鉴别是哪一种磷肥，可做个简单的试验，然后再作观察。取一个玻璃杯或白瓷碗，装大半杯清净的凉开水（注意一定要清净的），然后取化肥样品一小匙，缓慢地倒入水中，一边倒一边用筷子搅拌，倒完后，再充分搅拌，静止一会儿后，观察其溶解情况。

- 大部分溶于水的是重过磷酸钙。
- 小部分溶于水的是过磷酸钙。
- 不溶于水的是钙镁磷肥、磷矿粉肥或骨粉。

再根据肥料的颜色、味道和形状等进行区别。

- 钙镁磷肥是暗绿、灰褐、灰黑等色的粉末，在阳光下可见到粉碎的玻璃体闪闪发光。

- 磷矿粉肥是灰褐色或灰黄色粉末，不吸湿，无酸味。
- 过磷酸钙是灰白色粉末或颗粒，具有酸味，用手捻一下有湿涩的感觉。
- 重过磷酸钙是灰色颗粒，粒形圆滑，坚硬。

109. 怎样鉴别磷酸铵和重过磷酸钙？

磷酸铵和重过磷酸钙的颜色、粒形十分相似，从外形上不好区别。磷酸铵是氮磷复合肥料，含有氮、磷两种成分。重过磷酸钙是单质肥料，是磷肥。两者的成分和用法各不相同，必须加以鉴别。鉴别这两种肥料的方法是：在碗中放入干净的水，取一小匙肥料研碎放入碗中，摇动使之溶解，在溶解后的肥料溶液里，加点碱（纯碱）或面起子（苏打粉），再略加热，如果产生氨气味就是磷酸铵，没有氨气味的是重过磷酸钙。

110. 怎样判断土壤缺不缺磷？

土壤中有效磷的多少，是施用磷肥的主要依据，土壤是否缺磷，要根据生物试验和化学分析来判断。这是因为：

（1）土壤缺不缺磷，是针对作物而言的　作物种类不同，对磷的需要量也不同，不同作物有效磷的临界值是不同的。一种土壤对需磷少的或吸磷能力强的作物来说，可能是不缺磷的，但对需磷多的或吸磷能力弱的作物来说，又可能是缺磷的。即使同一种作物，在低产水平时，土壤里磷素含量可能是充足的，但在具备了其他有利条件而要求获得高产时，可能又会感到土壤磷含量不足。

（2）所谓磷的有效或无效，也是对作物而言的　土壤里的某种磷素形态，对于利用磷能力差的水稻来说，可能是无效的，但对于利用磷能力强的油菜、荞麦等作物又可能是有效的。

所以说，判断土壤是否缺磷，最可靠的方法是用作物进行施磷肥的田间试验，根据作物的增产情况确定。

影响磷肥效果的因素很多，土壤缺不缺磷只是其中的重要因素之一，所以，当施用了磷肥增产效果不太明显时，还要对其他条件作全面分析后，才能做出土壤是否缺磷的结论。

用化学分析方法测定土壤中速效磷含量，可以判断土壤磷素丰缺程度。但速效磷随土壤种类、季节、气候、土壤的干湿情况而有很大变化。不同的浸提液和操作方法之间，分析结果也有很大出入。所以，最好是化学分析数据与田间试验结果配合起来，来判断土壤是否缺磷。

111. 什么叫需磷临界期和磷素最大效率期？

磷素在作物不同生长发育阶段所起的营养作用各不相同，既有阶段性又有连续性。幼苗耗尽了种子中的磷素营养，开始吸收土壤中速效磷的时期，称为作物的需磷临界期。如果这个时期土壤缺磷，会严重阻碍作物的生长发育。同时，因作物生长阶段的顺序性，即使后期再施磷肥，也不能挽回需磷临界期缺磷所造成的损失。所以，在缺磷的土壤上，施磷肥作基肥或种肥以满足作物需磷临界期对磷的需要非常重要。

作物吸收磷素的高峰期，也是其生长最多、最快的时期，称为磷素最大效率期。在这期间，作物营养器官和生殖器官的生长并进，营养器官中的磷素不断向生殖器官转运，同时根系又大量从土壤中吸收磷素养分。如果这一时期土壤磷素丰富，便可以促进作物开花结实、促进早熟；在寒冷地区，对避免作物遭受霜害有很大作用。

112. 为什么氮肥能促进磷的吸收利用？

实践证明，施用氮肥可以增加作物对磷肥的吸收利用。这是因为施用氮肥使作物茎叶生长繁茂，提高光合作用效果，显著增加地上部分生长量，这就大大增加了作物对磷的需要，促使根系迅速而大量地吸收土壤中的磷。于是，在根系表面与根际土壤之间形成了更大的浓度梯度，使远离根的磷酸根离子更快地向根部扩散，促进了根系对磷的吸收。在不同形态的氮肥中，铵态氮比硝酸态氮促进磷的吸收的作用大。其原因是作物吸收阳离子的铵态氮时，为了求得电性的中和，必须吸收相应量的阴离子，特别是磷酸根离子；而当吸收阴离子的硝酸态氮时，则不需要其他阴离子的伴随。而且硫酸铵、氯化铵等生理酸性氮肥可使磷酸盐的溶解度增加。此外，施用氮肥能促进植物体内含氮化合物的形成，在这些化合物中有一部分是含磷的，所以也能促进作物对磷的吸收。

113. 施用磷肥为什么能防止玉米出现紫苗?

玉米苗期有时叶片出现的红紫色,有的是由于低温、霜冻引起的,有的是由于土壤通气透水性差造成的。但是缺磷地块发现这种现象更多,为什么呢?因为土壤中磷素含量低时,玉米幼苗根系发育不良,生长缓慢。植株缺磷时糖类的代谢受到影响,叶片内积累了较多的糖分,形成了较多的花青素,于是在玉米叶片上,明显地呈现出红紫色的条纹或斑点。施用磷肥增加土壤中的有效磷含量,可促使幼苗生长健壮,养分代谢正常,即使遇见低温也不会出现紫苗现象。

114. 磷肥有后效作用吗?

相关科学试验结果表明,不同种类的磷肥后效不同。例如,黑龙江省农业科学院土壤肥料与环境资源研究所通过黑土长期定位试验手段,研究了长期施肥条件下土壤磷素的积累及后效。结果表明,长期不施磷肥的土壤施用磷肥后小麦增产效果非常明显;而长期施用磷肥的土壤施用磷肥效果不明显。不施磷肥的小麦籽粒产量是施用磷肥的94.0%~104.7%,施用磷肥基本上没有效果,也就是说,积累在土壤中的磷素对作物是有效的,在土壤中大量积累磷素的情况下,可不必每年大量施用磷肥。

115. 什么叫贮备施肥? 在什么条件下不宜进行贮备施肥?

贮备施肥是根据施入土壤中的磷肥当年只能被作物吸收利用一部分,而利用其有后效作用这一特点所采取的施肥方法,即结合轮作,一次施入较多的磷肥,隔3~4年再施用一次,充分发挥磷肥的后效作用,这种施肥方法叫贮备施肥。贮备施肥由于减少了施肥作业的次数,因此能降低生产成本。但在强酸性和碱性土壤上,磷肥施入土壤后易发生固定作用,降低肥效,所以不宜采用贮备施肥的方法。特别是水土流失严重的坡耕地,更不能进行贮备施肥。

116. 什么叫磷的固定?

通常,水溶性磷肥施入土壤后,在酸性土壤中,它与铁、铝进行化学反应,形成磷酸铁铝沉淀;在石灰性土壤中则与钙化合,形成较难溶的磷酸钙盐，这个过程称为"磷的固定"。从前有人认为被土壤固定了的磷肥，作物很难吸收利用，但有研究结果表明，磷的固定是土壤固相和液相之间的一种平衡，磷能在一定条件下进行转化，变为溶解度较大的磷酸盐，并逐步为作物吸收利用。也有人认为磷的固定很大程度是在化验分析时，即在土壤样品处理过程当中发生的现象，而在农业生产实际中施用的磷肥，在有些土壤中并没有严重的固定作用。总之，磷的固定受土壤种类、土壤性质、施肥方法的影响很大，是一个既有理论意义又有实践意义的值得研究的问题。

117. 为什么磷肥带状施用效果好？

磷肥施用方法多采用作种肥条施或穴施，这种施肥方法施肥部位浅，肥料集中，由于磷肥在土壤中移动范围小，不易被作物吸收利用，特别是春旱时，表层土壤含水量低，不利于充分发挥磷肥的肥效。

磷肥带状施用可以提高作物对磷肥的吸收利用率，应用^{32}P示踪法研究磷肥不同施用方法对磷的吸收利用率的试验表明，玉米磷肥带状施用的利用率为12.4%～14.7%，穴施的只有4.2%～8.1%。

随着作物种植密度的增加，穴播穴施肥已不便于操作。采用磷肥带状施法（肥带宽度一般在6～8厘米）施肥、播种同时进行，肥料分布均匀，不易烧籽烧苗。不用播种施肥机具的，可采用破垄夹肥的方法，在整地时把磷肥施入。大豆改条施肥为带状施肥，把排肥装置稍加改进即可。

三、钾肥

118. 钾对作物生长发育有哪些作用？

钾是作物体中含量较多的元素之一，主要存在于茎叶中。钾对作物的生长发育有多方面的作用：钾能增加作物细胞的膨压，使细胞富于弹性，叶子气孔的保卫细胞富于弹性时，就能调节气孔的张开和关闭，有利于作物的呼吸作用，又可使作物吸收较多的二氧化碳，为光合作用提供丰富的碳素营养，促进糖分和淀粉的形成；钾能提高作物对氮的吸收和利用，并能促进蛋白质的合成；钾又能防止水分蒸发，促进根系发育，提高作物的抗旱能力；钾还能促进茎秆纤维发育，使茎秆强壮，防止倒伏，提高作物抵抗病虫害的能力。钾对作物体内养分的转化和运输有重要作用，对改善农产品品质也有良好作用。

119. 作物缺钾时有哪些症状？

作物缺钾症状往往要到生长发育中期才能表现出来，在亚麻、烟草、马铃薯、甜菜、向日葵、蔬菜等喜钾作物上缺钾症状表现明显，其外部特征如下：

① 老叶叶片边缘或叶尖开始变黄，逐渐变褐，呈火烧焦状，以后叶脉之间的叶肉也干枯，页面出现青铜色褐斑，但叶的中部靠叶脉的部分仍保持绿色。

② 叶片和输导系统发展不均匀，叶的形态不正常。由老叶开始，症状逐渐向上扩展，当上部出现缺钾症状时，表明植株严重缺钾。

③ 禾谷类作物缺钾时分蘖减少，节间缩短，植株下部叶下垂；双子叶作物的侧枝发育受到抑制。

④ 棉花缺钾时，往往苗期和蕾期主茎中部叶片首先呈现叶肉缺绿，进而转为淡黄色，叶表皮组织失水皱缩，叶面拱起，叶缘下卷，称为"蟹壳黄"；到花铃期可以看到主茎或上部的叶肉呈黄色或黄白色花纹，继而呈现红色，通常称为黄叶茎枯病或红叶茎枯病，严重时叶子逐渐枯焦脱落，棉株早衰。

⑤ 机械组织发育不良，比较容易感染真菌病害，作物容易发生倒伏现象。

钾素过剩对作物也有不良影响，可使其生长发育受到抑制。土壤中钾素含量过高时，甜菜含钾量也过高，使块根纤维化、木质化，不便于加工制糖。

120. 硫酸钾有哪些性质？怎样施用？

硫酸钾是一种常用的钾肥，为白色结晶体，有时因含有杂质而呈灰白色或淡黄色，含钾（以 K_2O 计）48%～52%。它的吸湿性很小，贮存时不结块。硫酸钾易溶于水，是速效性肥料。

硫酸钾是生理酸性肥料，因此，酸性土壤施用硫酸钾应适当配合施石灰。硫酸钾与难溶性的磷矿粉肥配合施用，不仅可以降低酸性，还可以提高磷肥的肥效。硫酸钾在砂性土壤上最好少量多次施用，或者与有机肥配合施用，以减少养分损失。

施用方法：

（1）作基肥施用　将硫酸钾撒到地面或垄沟里，结合翻地或起垄将肥料翻入土中或包在垄内，这种方法施肥部位较深，效果较好。一般每公顷施 150 千克左右。

（2）作种肥或追肥施用　硫酸钾在土壤中移动性较小，应集中条施或穴施到作物根系密集的土层，便于根系吸收利用。但硫酸钾养分含量很高，不能直接接触种子，以免将种子烧伤。根据试验结果，硫酸钾与小麦种子混播，每公顷施 75 千克时烧苗率为 5%；每公顷施 150 千克时，烧苗率高达 28%～30%，出苗晚 1～4 天。硫酸钾作种肥施用时应距种子 3～5 厘米远。作追肥施用时可根据作物播种方式，采取条施或穴施的方法，施入土层 5～10 厘米深处，施后覆土。

121. 氯化钾有哪些性质？怎样施用？

氯化钾是灰白色或暗灰色、淡黄色、红色的细粒结晶，含钾（以 K_2O 计）50%～60%，有吸湿性，贮存时易结块，应放在干燥的地方，防雨、防潮。

氯化钾易溶于水，为生理酸性肥料，但生理酸性表现得不如硫酸钾强，尽管如此，在酸性土壤上如大量施用，也会由于酸度增强而促使土壤中游离的铁离子、铝离子增加，对作物产生毒害，所以在酸性土壤中施用氯化钾，也应配合施用石灰，这样做可以显著提高肥效。氯化钾不适于在盐碱地上长期施用，否则会加重土壤的盐碱性。

氯化钾是速效性钾肥，可以作基肥和追肥，但作种肥时需要注意，施用量不能过大，并使肥料和种子保持一定距离，避免氯离子对种子萌发产生不良影响。由于氯离子对土壤和作物不利，所以氯化钾多作基肥早施，使氯离子从土壤中淋洗出去。

氯化钾适用于水稻、麦类、玉米，特别适用于麻类作物，因为氯对提高纤维含量和质量有良好的作用；对马铃薯、烟草、甘薯、甘蔗、柑橘、茶树等经济作物不宜大量使用。但据全国含氯化肥科学施用研究课题组研究结果证明，对烟草施用一定量的氯化钾时，可以促进烟叶对钾离子的吸收，并增加烟叶的韧性，便于运输。

氯化钾的适宜用量一般为每公顷 112.5 千克左右，具体地块的经济用量最好通过田间试验来确定。

氯化钾的施用方法与硫酸钾大体相同。

122．什么是钾镁肥？怎样施用？

钾镁肥又称卤渣或"高温盐"，是制盐工业的副产品。它含有较多的硫酸钾、硫酸镁、氯化钾、氯化镁及一定数量的食盐，一般含 K_2O 33％，MgO 28.7％，$NaCl$ 30％。钾镁肥易溶于水，吸湿性强，易潮解。

钾镁肥可作基肥或追肥用，因含有较多的食盐，不适合作种肥。钾镁肥施用于酸性红黄土壤以及烂泥田、砂性土壤上效果好，特别是在施肥水平低、土壤交换性钾、镁含量少的土壤和酸性水稻土上，增产效果更显著。烟草、马铃薯、茶树等忌氯作物不能施用钾镁肥。

钾镁肥是以钾、镁等成分为主的肥料，只有在施用氮、磷肥的基础上才能显示其增产效果。据广东、浙江两省的 43 个试验统计，平均每公顷施用 240 千克钾镁肥时，每千克 K_2O 增产稻谷 4.8 千克。

123．什么是窑灰钾肥？怎样施用？

窑灰钾肥是水泥工业的副产品，为灰黄色或灰褐色的粉末，含 K_2O 8％～12％左右，含 CaO 35％～40％，并含有镁、硫、铁等元素。窑灰钾肥中的钾是以多种化合物形态存在的，其中水溶性钾和枸溶性钾（即有效钾）占 90％以上。

窑灰钾肥由于含多量氧化钙，是一种吸湿性很强的碱性肥料（pH 9～11），在酸性土壤上施用，还有中和土壤酸性和供给作物钙素养分的作用。

窑灰钾肥只适于作底肥和追肥，不宜直接作种肥，因为窑灰钾肥里的氧化钙吸水性很强，在土壤中吸水后变成熟石灰，放出大量的热，对种子发芽有影响。如需作种肥，应预先和有机肥料混合堆沤 3～4 天，然后施用。作底肥时可结合翻地或扣垄施入。作追肥时要严防烧苗，最好与等量的潮细土拌匀后撒施，大风天和叶面有露水时不宜撒施，以免肥料黏附在叶面上引起灼伤，一般每公顷用量 750～1125 千克。

124．钾肥的肥效与哪些因素有关？怎样提高钾肥的肥效？

影响钾肥肥效的主要因素是土壤类型（尤其是土壤有效钾的含

量）、作物种类、钾肥品种及施肥方法。

土壤中钾的含量主要决定于土壤的矿物质组成和土壤质地，而有效钾的丰缺又受气候等条件和施肥耕作措施的影响。南方土壤含钾量低，而北方土壤含钾比较丰富。特别是长江以南的红壤性水稻土，施钾肥的效果比较显著。

在同一种土壤类型上，土壤质地不同，施钾肥的效果也有明显差异。一般砂土的代换吸收容量小，钾易于流失，黏土则相反，有效钾含量高，所以钾肥在砂土上的效果多高于黏土。

此外，施用过含钾量较高的有机肥料的地块，化学钾肥的肥效较低。在多数情况下，氮、磷肥的用量增加时，钾肥的肥效也有相应提高。

不同作物对钾肥的反应有很大差异，如马铃薯、甘薯、甜菜、果树、烟草、棉花、豆类、麻类等作物对钾的反应比较敏感，其他作物则差一些。所以钾肥应优先满足薯类作物、纤维作物、糖料作物、油料作物等需钾多的作物，但氯化钾不要施给忌氯作物。

为了提高钾肥的肥效，除考虑上述因素，尽量做到因土、因作物施钾肥外，在施肥方法上，还要做到早施、深施、集中施。许多试验证明，在一次施钾的情况下，作基肥比追肥好，作追肥早追比晚追好；在多次施钾的情况下，应掌握"重施基肥、轻施追肥"的原则。在保水保肥力差的砂性土壤上，钾肥应分次施用，因为钾易被土壤固定，移动性又小，所以应深施于根系集中的土层中，一般以施深 10 厘米为宜。为了减少土壤对钾的固定，应条施、穴施或水稻施蔸肥。

在缺钾土壤上，给豆科绿肥作物施钾，以钾增氮，可以获得稳定的增产效果。

125. 什么是钾钙肥？怎样施用？

钾钙肥是以钾长石、石灰石、石膏、无烟煤为原料，分别经粉碎通过 60～100 目筛，按钾长石：石灰石：石膏：无烟煤为 1：2：0.7：1 的比例，加水混合，压成团球，放入煅烧炉中，温度保持在 1000～1200℃，经 3～4 小时，取出冷却粉碎而成。煅烧时所起的反应如下：

$$2(KAlO_2 \cdot 3SiO_2) + CaSO_4 + 6CaCO_3 \rightarrow K_2SO_4 \cdot 6(CaO \cdot SiO_2) + CaO \cdot Al_2O_3 + 6CO_2$$

钾钙肥为浅蓝绿色，呈多孔块状，成分很复杂，一般含氯化钾

4.1％、氧化钙 4.16％、氧化镁 4.28％，此外，还含有铝、硅、硫等元素。钾钙肥用于酸性土壤，适合作基肥及早期追肥，施用量以每公顷 750～1500 千克的经济效益大。根据广东、湖南等地的试验，平均每公顷施含有氧化钾的钾钙肥 34.5 千克，稻谷增产 12.3％。

126. 草木灰有哪些性质？怎样施用？

国内农村多以秸秆和木柴等作燃料，故有相当数量的草木灰（其养分含量见表7），它是一种重要的钾肥。

表7　常见草木灰的养分含量①　　　　　　单位：％

种类	氧化钾 (K_2O)	磷酸 (P_2O_5)	氧化钙 (CaO)	种类	氧化钾 (K_2O)	磷酸 (P_2O_5)	氧化钙 (CaO)
小杉木灰	10.95	3.10	22.09	谷糠灰	1.52	0.16	
松木灰	12.44	3.41	25.18	棉秆灰	2.19		
小灌木灰	5.92	3.14	25.00	麻秆灰	1.10		
禾本科草灰	8.09	2.30	10.72	竹秆灰	5.56	1.89	
草木灰	4.99	2.10		垃圾灰	1.98	1.67	
棉籽壳灰	5.80	1.20	5.92	灶灰(1)	2.48～4.40	0.99～1.17	
稻草灰(1)	8.09	0.59	1.92	灶灰(2)	4.52	1.39	
稻草灰(2)	5.81	0.45		山土灰	1.07	0.21	
芦苇灰	1.25	0.24					

① 北京农业大学编，《肥料手册》，农业出版社，1979 年。

草木灰的成分相当复杂，凡是植物体含有的灰分元素，如磷、钾、钙、镁、硫、铁、钠以及其他微量元素硼、锰、锌、钼等，在草木灰中也都含有。其中含磷、钙较多，尤其是含钾较多，一般含钾 5％～10％。不论何种植物烧成的草木灰，其所含的钾均属于碳酸钾，易溶于水，易被作物吸收利用。碳酸钾是碱性盐，因此，草木灰施于酸性土壤能起到局部中和作用。草木灰是一种速效性钾肥，适合作基肥，也可作追肥用。

草木灰是碱性肥料，不应与硫酸铵、硝酸铵等氮肥混存和混用，也不应与人粪尿、家畜粪尿混存，以免引起铵态氮素的挥发损失（见表8）。有些地区习惯把草木灰倒入茅坑或圈内贮存，这种做法不科学也不利保肥。

此外，草木灰富含钙质，也不应与过磷酸钙混存、混用，以免降低磷肥的有效性。

表 8　草木灰与人粪尿混存氮素含量的变化[1]

项　目	铵态氮(NH_4-N)		全氮(N)	
	人粪尿单存	人粪尿与草木灰混存	人粪尿单存	人粪尿与草木灰混存
存前	100	100	100	100
存三天后	95.28	59.67	92.22	72.65
存半个月后	86.15	37.16	71.15	64.76
存一个月后	69.7	33.58	69.80	26.42
存三个月后	32.57	5.00	36.75	15.40

① 北京农业大学编，《肥料手册》，农业出版社，1979 年。

四、复合肥料与混合肥料

127．复合肥料与混合肥料有什么不同？

在一种化学肥料中，仅仅含有一种营养成分的叫作单质化肥，同时含有氮、磷、钾、微量元素等两种或两种以上营养成分的化肥叫作复合肥料或者混合肥料。

复合肥料和混合肥料也有所不同，复合肥料是通过化学方法使肥料中的两种或几种营养成分之间起化学作用，形成一种新的化合物。目前，国内外生产和使用的复合肥料品种很多，其中氮磷二元复合肥料主要有硝酸磷肥、氨化过磷酸钙、氨化重过磷酸钙、磷酸铵、偏磷酸铵等；氮钾二元复合肥料有硝酸钾；磷钾二元复合肥料有磷酸钾；还有氮磷钾三元复合肥料。除氮、磷、钾外，有的复合肥料中还含有一种或几种微量元素成分。

混合肥料和复合肥料不同，它是两种或两种以上的单质肥料或复合肥料机械地混合在一起，这样制成的肥料叫混合肥料，也叫 BB 肥。混合肥料的成分往往不十分固定，多根据作物种类、土壤性质的需要合理配制而成。为了便于机械化施肥作业，一般都将混合肥料制成颗粒的形态。复合肥料也多是颗粒状。

128．为什么施用复合肥料比单质肥料更优越？

复合肥料比单质肥料有许多优点。

（1）养分全、种类多　作物需要的营养往往是多样的而且有一定比例。满足作物的这种需要，不仅能提高产量，也能改善农产品的品质，复合肥料就具有这样的优点。复合肥料的种类较多，可以根据不同土壤的缺肥情况和不同作物对养分的需要进行选择。常用的复合肥料有氮磷比为 18∶46 的氮磷二元复合肥；氮磷钾比为 15∶15∶12 和 15∶15∶15 的氮磷钾三元复合肥。

（2）浓度高、肥效大、经济　复合肥料中各种营养成分的总含量一般不低于 40%，由于有效成分高，施用数量比单质肥料少。同时，复合肥料中的养分都是作物可以吸收利用的，副成分少或者不含有副成分，因而在运输和施用上都比较经济。

（3）匀质、安全、剂型好　复合肥料是匀质的，含有一定的营养成分而且有固定的比例，因而肥效全且均匀，不会出现因某种养分局部过浓而伤害作物的问题。复合肥料是颗粒状的，散落、不结块，机械施肥或手工施肥都很方便。

129. 混合肥料有什么优点？怎样配制混合肥料？

混合肥料也叫混配肥料、BB 肥，其优点是：

① 可以根据不同地区、不同土壤、不同气候、不同作物选择适宜的肥料品种，按适宜比例来配制，因而能够更好地发挥各种肥料的增产作用。

② 可以改善肥料的物理性状，方便施用。

③ 一次施用几种成分的肥料，简化了施肥作业。

但是，并不是什么肥料都可以制造混合肥料，制造混合肥料必须掌握几条原则：一是有利于改善肥料的性状；二是混合时不发生养分损失；三是不能降低各种肥料成分的有效性；四是有利于发挥养分之间的促进作用。如硝酸铵和磷矿粉混合，能降低硝酸铵的吸湿性；硝酸铵与氯化钾混合生成部分氯化铵和硝酸钾，比硝酸铵的吸湿性小了；硝酸铵和过磷酸钙则不应混合，否则会由于吸湿性增强而不便施用。含氯的肥料（氯化钾、氯化铵等）与铵态氮肥（硫酸铵等）混合能减少氮的损失。但草木灰与其他肥料配制混合肥料时，应注意哪些肥料适于混合，哪些肥料不适于混合（请参见表 9）。

表9　各种肥料混合施用情况表

○表示可以混用
•表示混用后不能久放
×表示不能混用

	硫酸铵	硝酸铵	氨水	碳酸氢铵	尿素	石灰氮	氯化铵	过磷酸钙	钙镁磷肥	钢渣磷肥	沉淀磷肥	脱氟磷肥	重过磷酸钙	磷矿粉	硫酸钾	氯化钾	窑灰钾肥	磷酸铵	硝氨磷肥	氨氮混肥	草木灰、石灰	尿粪	新厩肥、堆肥
硫酸铵	•																						
硝酸铵	×	•																					
氨水	×	×	•																				
碳酸氢铵	○	×	×	•																			
尿素	×	×	×	×	•																		
石灰氮	○	×	×	○	×	•																	
氯化铵	•	×	×	×	×	×	•																
过磷酸钙	×	×	×	×	×	×	×	•															
钙镁磷肥	○	○	○	○	○	○	○	×	○														
钢渣磷肥	•	•	○	•	○	○	•	×	○	○													
沉淀磷肥	○	×	○	○	○	○	○	○	○	○	○												
脱氟磷肥	○	○	○	○	○	○	○	○	○	○	○	○											
重过磷酸钙	○	×	×	×	×	×	×	•	×	×	×	×	○										
磷矿粉	○	×	○	○	○	○	○	○	○	○	○	○	•	○									
硫酸钾	×	○	○	○	○	○	○	○	○	○	○	○	○	○	○								
氯化钾	○	○	○	○	○	○	○	○	○	○	○	○	○	○	○	○							
窑灰钾肥	•	×	×	×	×	×	×	•	×	×	×	×	•	×	○	○	○						
磷酸铵	○	○	○	○	○	○	○	○	○	○	○	○	•	○	○	○	×	○					
硝氨磷肥	○	○	○	○	○	○	○	○	○	○	○	○	○	○	○	○	×	•	○				
氨氮过磷酸钙	×	○	○	○	○	○	○	○	○	○	○	○	×	×	○	○	×	○	○	○			
草木灰、石灰	×	×	×	×	×	×	×	×	○	○	○	○	×	○	○	○	×	×	×	×	×		
尿粪	○	○	○	○	○	○	○	○	○	○	○	○	○	○	○	○	○	○	○	○	○	○	
新厩肥、堆肥	○	○	○	○	○	○	○	○	○	○	○	○	○	○	○	○	○	○	○	○	○	○	○

130. 复合肥料有什么优、缺点？

复合肥料中含有氮、磷、钾等营养元素中的两种主要营养元素的叫二元复合肥料；含三种主要营养元素的叫三元复合肥料；含三种以上营养元素的叫多元复合肥料。

随着农业增产的需要，化肥的品种、数量不断增加。近年来化肥正朝着高浓度、复合化、液体化、缓效化方向发展，减少副成分，节约运输费用，降低成本，提高肥效。

我国20世纪60年代磷酸铵等复合肥料在经济作物上被普遍使用，70年代时已研制生产了多种三元复合肥料，在棉花、麻类、烟草等作物上广泛施用，获得了良好的经济效果。

复合肥料的优点是：①养分种类多、含量高，同时供应作物需要的多种养分，充分发挥营养元素之间的相互促进作用，提高施肥的增产效果；②副成分少，物理性状好。

复合肥料的缺点是：①养分比例是固定的，难以适应各地土壤、作物的需要，往往需要配合单质肥料施用；②复合肥料中的各种养分施在同一时期、同样深度，不一定适合作物生长的需要。

131. 氮磷钾复合肥料有几种类型？施用时应注意哪些问题？

氮磷钾三元复合肥料一般都是混合肥料。它是在硝酸磷肥、磷酸铵等氮磷二元复合肥料的基础上，添加单质氮肥和钾盐制成的；也有在生成硝酸磷肥或磷酸铵后直接添加钾盐。目前在农业上应用的氮磷钾三元复合肥料大致有以下五种类型：

（1）尿素磷铵系　以尿素、磷酸铵为基础，添加氯化钾或硫酸钾。

（2）硝酸磷肥系　以硝酸磷肥为基础，添加氯化钾或硫酸钾。

（3）氯磷铵系　以磷酸铵为基础，添加氯化铵和氯化钾或硫酸钾。

（4）尿素重钙系　尿素加重钙（重过磷酸钙）和氯化钾或硫酸钾。

（5）尿素普钙系　尿素加普钙（过磷酸钙）和氯化钾或硫酸钾。

上述五种类型均系按土壤、作物需要配制成不同比例的氮磷钾三元复合肥料。目前生产上施用较多的是尿素磷铵系和硝酸磷肥系。

使用氮磷钾三元复合肥料应注意因土壤、作物进行选择，酸性土壤和旱田宜选用硝酸磷肥系，中性和石灰性土壤宜选用氯磷铵系，尿素磷铵系适合各种土壤和作物。此外，复合肥料宜与单质肥料配合施用，以调节氮磷钾比例，使之适合不同土壤和作物的要求。

132. 施用复合肥料应掌握哪些原则与技术？

（1）选择适宜的复合肥料品种　根据不同土壤、不同作物对养分供需的特点进行选择。复合肥料的氮、磷、钾等养分比例要与土壤、作物需求相适应，才能更好地发挥复合肥料的优越性。国内多数土壤首先是缺氮，其次是缺磷、缺钾。一般作物可以选用氮磷复合肥料，豆科作物可以选用磷钾复合肥料，经济作物注意选用与当地土壤、气候相适应的三元或多元复合肥料。

（2）适合作物营养的需要　在使用某种复合肥料时，可用单质肥料来调整营养元素比例，使之适合作物营养的需要。

针对复合肥料的特点，可将其作基肥、种肥、追肥。高效的磷酸二氢钾等复合肥料，最好用作根外追肥，以提高经济效益；含铵的复合肥料，应深施覆土，以减少损失，提高肥效；以缓效性养分为主的偏磷酸盐等复合肥料，宜与有机肥料配合作基肥。

133. 磷酸铵是什么性质的肥料？怎样施用？

磷酸铵是含有氮、磷两种养分的复合肥料，由于制造条件不同，有磷酸一铵与磷酸二铵两种。磷酸一铵是酸性化肥（pH 4.4），氮、磷含量分别是 $11\%\sim13\%$ 和 $51\%\sim53\%$；磷酸二铵是碱性化肥（pH 8.0），氮、磷含量分别是 $18\%\sim21\%$ 和 $46\%\sim48\%$。国内生产的和从美国、日本进口的磷酸铵是磷酸一铵和磷酸二铵的混合物，含氮 18%、磷 46%。

由磷酸一铵和磷酸二铵组成的混合物磷酸铵，其分子式为 $(NH_4H_2PO_4)_m+[(NH_4)_2HPO_4]_n$，是一种以磷为主的高浓度速效性肥料，为灰白色（或褐色）颗粒状，因在生产过程中加入了防潮剂，所以吸湿性较小。

磷酸铵易溶于水，养分能很好地被作物吸收利用。磷酸一铵比较稳定，而磷酸二铵不太稳定，受热易分解放出氨气，造成氮素损失。

所以一般都生产磷酸一铵和磷酸二铵的混合物出售。磷酸铵与碱作用能分解放出氨气，使肥料减效，所以不能和碱性肥料混合。由于磷酸铵的上述性质，在贮运中应注意以下几个问题：一是防潮、防雨，应在干燥库内贮放，在库外保管时应垫好垛底，盖好苦；二是防热，应放在阴凉干燥的地方；三是不能与碱性物质存放在一起。

磷酸铵适用于各种土壤和作物，水田、旱田均可施用。因颗粒状适于机械施用，其可作种肥和基肥。另外，磷酸铵是大豆最理想的化肥品种之一。在缺氮土壤上种小麦、玉米等需氮较多的禾谷类作物时，用磷酸铵作种肥还应适当追施氮肥，以解决磷酸铵中氮少磷多的问题。

134. 硝酸磷肥是什么性质的肥料？怎样施用？

硝酸磷肥是用硝酸分解磷矿粉再用氨中和加工制成的氮磷复合肥料。它的显著特点是不消耗硫酸，硝酸得到双重利用，一是用来分解磷矿粉，二是作为氮素留存在肥料中，这比用硫酸或盐酸来分解磷矿粉更加合理。

国内试产的硝酸磷肥含氮 20%（其中硝酸态氮占 45%，铵态氮占 55%）、含磷 20%（其中水溶性磷占 40%～50%，枸溶性磷占 50%～60%）。它的主要成分为硝酸铵、磷酸铵和磷酸二钙。

硝酸磷肥属于速效性氮磷复合肥料，主要是作种肥施用，每公顷用量 150～300 千克。在旱田可以施在种子斜下方 5 厘米的地方，也可以在播前起垄时夹在垄中；在水田可结合整地施用，插秧田可在插秧前施用，直播田可在播种同时施用。

硝酸磷肥吸湿性强、易结块，贮存时要注意防潮。

135. 硝酸钾是什么性质的肥料？怎样施用？

硝酸钾也叫火硝，白色结晶，粗制品带黄色，有吸湿性，不易结块，易溶于水，化学反应和生理反应均为中性。硝酸钾是一种氮钾复合肥料，含氮 13%，含钾 46%，氮钾比为 1:3.5。

硝酸钾主要作钾肥施用于喜钾作物，以含钾量计算施肥量。硝酸钾适合作基肥，作追肥时要早追深施。硝酸钾含有硝酸态氮，容易流失，施用于旱田作物较水田作物好，与有机肥料配合施用效果更好。

有资料介绍，用 0.2% 的低浓度硝酸钾溶液处理小麦、大麦、亚麻种子，可以增加种子的出芽速度，提高出苗率，同时，可以促进作物根系发育。

硝酸钾在高温、猛烈撞击下或与易燃物质接触，能引起爆炸，贮藏时必须注意。

136. 磷酸二氢钾是什么性质的肥料？怎样施用？

磷酸二氢钾是白色晶体，易溶于水，其水溶液呈酸性反应（pH 3~4）。磷酸二氢钾含磷 52%、钾 35%。

磷酸二氢钾的施用方法有以下几种：

（1）根外追肥　在作物生长发育的中、后期喷施 1~2 次，每次间隔 7~8 天，肥料溶液浓度为 0.2%~0.6%，每公顷喷液量 750 千克左右。小麦、水稻、谷子、高粱以抽穗至灌浆期喷施效果较好。根外追施磷酸二氢钾是一种辅助性措施，必须在前期管理好的基础上，抓住关键时机喷施才会有效。喷施磷酸二氢钾只在增加粒重方面有一定的效果，不能代替其他化学磷钾肥。

（2）浸种　将种子放入 0.2% 的磷酸二氢钾溶液中浸泡 18~20 小时，捞出阴干后播种。适用于小麦、水稻、谷子等作物。

（3）拌种　用 1%~2% 的磷酸二氢钾溶液拌种，每千克溶液拌种 10 千克左右种子。

（4）灌根　配成 1%~3% 的水溶液，每株灌 50~100 克，此法适用于玉米。

137. 液体磷铵是什么性质的肥料？怎样施用？

液体磷铵是一种新型的液体氮磷复合肥料。由于生产成本及建厂投资都比固体肥料低，适于就地生产、就地使用，所以近年来在许多国家有了较大的发展。我国液体磷铵也有生产。

液体磷铵为淡黄色乳状，呈微酸性，含氮 6%~8%，含磷 18%~24%，两种养分都是水溶性的，能被作物很好地吸收利用，对各种土壤、各种作物都适用。液体磷铵中的磷素养分为氮素的三倍，所以按磷素养分计算施肥量，一般每公顷用量 300~375 千克。施用液体磷铵的地块，如感氮素不足，可用硝酸铵、尿素等作追肥来补充。液体磷铵可作种肥施用，也可作追肥施用，深施比浅施的肥效好。

138. 偏磷酸钾是什么性质的肥料？怎样施用？

偏磷酸钾是以磷为主的磷钾复合肥料，含磷 58%、钾 39%，所含养分均可被作物吸收利用，是一种很好的复合肥料。

偏磷酸钾是灰白色或浅黄色的颗粒或粉末，微溶于水，易溶于弱酸性溶液中，是一种高效的枸溶性肥料。其物理性状良好，性质稳定，不吸湿，不结块，便于施用。

偏磷酸钾适用于玉米、甜菜、大豆、烟草、果树等需磷、钾较多的作物和西瓜等瓜类。偏磷酸钾适于作基肥，不适于作追肥。偏磷酸钾配合氮肥和有机肥料施用效果更好。

139. 偏磷酸铵是什么性质的肥料？怎样施用？

偏磷酸铵是一种高浓度的以磷为主的氮磷复合肥料，含氮 17%、磷 73%。

偏磷酸铵为白色或灰白色的颗粒，难溶于水，吸湿性小，不易吸湿结块，便于运输和贮存保管。

偏磷酸铵中的磷属于弱酸溶性，肥效迟缓而持久，应在缺磷的酸性土壤和喜磷作物上作基肥施用，每公顷施用量一般为 112.5～150 千克，最好与有机肥料配合施用。用 2%～3% 的偏磷酸铵稀溶液作根外追肥，效果也很好。

140. 氨化过磷酸钙和过磷酸钙有什么不同？

过磷酸钙中如果游离酸含量大于 5%，则不利于运输和施用。为了消除这个不利因素，就把游离酸含量高的普通过磷酸钙通入氨，中和其中游离的磷酸和硫酸，制成了氨化过磷酸钙。氨化过磷酸钙是一种氮磷复合肥料，含氮 2%～3%、磷 14%～18%。

氨化过磷酸钙的性质比较稳定，不含游离酸，没有腐蚀性，吸湿性和结块性均弱，物理性状良好，具有较好的松散性，便于运输、贮存和施用。

氨化过磷酸钙的施用技术与过磷酸钙相同。由于肥料中增加了氮素成分，所以增产效果要比等磷量的过磷酸钙好。氨化过磷酸钙的主要营养成分是磷，宜作种肥施用，然后再根据土壤和作物的需要追施氮肥。

氨化过磷酸钙不宜与碱性物质混合贮存，以免引起氨的挥发损失。

141. 硫磷铵是什么性质的肥料？怎样施用？

硫磷铵是一种氮磷复合肥料，灰色颗粒状，同时含有磷酸铵和硫酸铵，含氮16%、磷20%，两者都是速效养分，溶于水，呈酸性反应，容易被作物吸收利用。

硫磷铵适用于任何土壤和作物，作基肥、种肥、追肥均可。

142. 铵磷钾是什么性质的肥料？怎样施用？

铵磷钾是由硫酸铵、硫酸钾和磷酸盐按不同比例混合而成的；也可以由磷酸铵加钾盐制成三元复合肥料。由于配制比例不同，可有不同氮、磷、钾养分的铵磷钾肥，一般有12-24-12、10-20-15、10-30-10等几种。

铵磷钾物理性状较好，其中氮、磷、钾三种养分都是速效性的，易被作物吸收利用。铵磷钾可作基肥，也可作种肥。由于铵磷钾中磷的比例较大，可适当配合施用单质氮、钾肥，以调整氮磷钾比例，更好地发挥铵磷钾的肥效。

铵磷钾是高浓度复合肥料，目前主要用于烟草等经济作物。

143. 钙镁磷钾肥是什么性质的肥料？怎样施用？

钙镁磷钾肥是一种以磷、钾元素为主的复合肥料，除含有磷、钾外，还含有钙、镁等元素，多为灰白色、灰绿色或灰黑色的粉末，有良好的物理性状，不吸湿、不结块，不溶于水而溶于弱酸，呈碱性反应，是枸溶性复合肥料。其化学性质比较稳定，无毒、无腐蚀性，有效磷和有效钾总含量为13%～19%。

钙镁磷钾肥是碱性肥料，最适宜在酸性、中性、缺钙、缺镁的土壤中施用，其肥效优于钙镁磷肥和钾钙肥。

钙镁磷钾肥可作基肥、种肥施用。作基肥深施效果最好，宜早施和集中施；还可与有机肥料堆沤后施用，借助微生物的作用，可以促进钙镁磷钾肥的溶解，提高肥效。

144. 氮钾混肥是什么性质的肥料？怎样施用？

氮钾混肥是采用氨碱法加工明矾石，再用稀氨水除去铝杂质得硫酸钾和硫酸铵溶液，经浓缩、结晶而成的混合肥料。该肥料为白色、灰色或淡黄色结晶颗粒，含氮量为14%，含钾量为16%，是一种速效的二元混合肥料，吸湿性小，不易结块，便于施用。

氮钾混肥的化学性质与硫酸铵、硫酸钾相同，遇碱能放出氨气，在酒精灯上燃烧冒白烟，并有紫色火焰。

氮钾混肥适用于各种作物和土壤，尤其是在喜氮、喜钾的作物和缺钾、缺氮的酸性土壤和砂性土壤上施用这种肥料，增产效果更为显著，可作基肥、种肥、追肥施用。氮钾混肥属于生理酸性肥料，不宜与碱性肥料混合施用。在稻田中施用时，应先排水，以防止养分损失，施用时应再配合施用有机肥料；在缺磷土壤中施用时，还应配合施用磷肥，以充分发挥其增产作用。

第二节　有机肥料

一、有机肥

145. 什么是有机肥？

有机肥是指主要来源于植物和（或）动物，经过发酵腐熟的含碳有机物料，其功能是改善土壤肥力、提供植物营养，提高作物品质。

146. 有机肥如何分类？

（1）广义　有机肥称作农家肥，包括各种动物、植物残体或代谢物，如人畜粪便、秸秆、动物残体、屠宰场废弃物等；还包括饼肥（菜籽饼、棉籽饼、豆饼、芝麻饼、蓖麻饼、茶籽饼等）、堆肥、沤肥、厩肥、沼肥、绿肥、泥肥等。农作物秸秆是重要的有机肥料品种之一，在适宜条件下通过土壤微生物的作用，矿质元素经过矿化再回到土壤中，为作物吸收利用。饼肥是油料作物的种子经榨油后剩下的残渣，这些残渣可直接作肥料施用，包括菜籽饼、棉籽饼、豆饼、芝麻饼、蓖麻饼、茶籽饼等。堆肥是指以各类秸秆、落叶、青草、动植物残体、人畜粪便为原料，按比例相互混合或与少量泥土混合进行好氧发酵腐熟而成的一种肥料。沤肥所用原料与堆肥基本相同，只是其是在淹水条件下进行发酵而成的。厩肥是指猪、牛、马、羊、鸡、鸭等畜禽的粪尿与秸秆垫料堆沤制成的肥料。沼肥是指在密封的沼气池中，有机物腐解产生沼气后的副产物，包括沼气液和残渣。绿肥是指利用栽培或野生的绿色植物体作肥料，如豆科的绿豆、蚕豆、草木樨、田菁、苜蓿、苕子等；非豆科绿肥有黑麦草、肥田萝卜、小葵子、满江红、水葫芦、水花生等。泥肥是指未经污染的河泥、塘泥、沟泥、港泥、湖泥等。

（2）狭义 指以各种动物废弃物（包括动物尿液、粪便、动物加工废弃物等）和植物残体（饼肥类、作物秸秆、落叶、枯枝、草炭等），采用物理、化学、生物或三者兼有的处理技术，经过一定的加工工艺（包括但不限于堆制、高温、厌氧等），消除其中的有害物质（病原菌、病虫卵害、杂草种籽等）达到无害化标准而形成的，符合国家相关标准（NY 525—2012）及法规的一类肥料。

147．有机肥在农业生产中的作用是什么？

（1）改良土壤、培肥地力 有机肥施入土壤后，有机质能有效地改善土壤的理化状况和生物特性，熟化土壤，增强土壤的保肥供肥能力和缓冲能力，为作物的生长创造良好的土壤条件。

（2）增加产量、提高品质 有机肥含有丰富的有机物和各种营养元素，可为农作物提供营养。有机肥腐解后，能为土壤微生物活动提供能量和养料，促进微生物活动，加速有机质分解，产生的活性物质等能促进作物的生长和提高农产品的品质。

（3）提高肥料的利用率 有机肥含有养分多但相对含量低、释放缓慢，而化肥单位养分含量高、成分少、释放快，两者合理配合施用，可相互补充，有机质分解产生的有机酸还能促进土壤和化肥中矿质养分的溶解。有机肥与化肥相互促进，有利于作物吸收，提高肥料的利用率。

148. 有机肥如何施用？

通常，有机肥作为底肥，并结合耕作，与土壤混拌均匀，便于有机肥迅速矿化分解，有利于作物吸收养分以及培肥土壤。在机械条件较好的地区，也可进行穴施或沟施。

149. 施用有机肥注意事项有哪些？

① 有机肥养分不均衡，氮、磷、钾含量偏低，且在土壤中分解较慢，虽然养分种类较多，但不能满足作物高产优质的需要。在施用有机肥时应根据作物对养分的要求配施化肥，将有机肥与化肥配合施用，取长补短，发挥各自的优势，在数量和时间上满足作物对各种营养元素的需要。

② 有机肥不宜与碱性肥料混用，以免造成氨的挥发，降低有机肥的养分含量。有机肥含有较多的有机物，也不宜与硝酸态氮肥混用。

③ 不要过量使用有机肥。过量使用有机肥会导致以下情况发生：烧苗，致使土壤中磷、钾等养分大量集聚，造成土壤养分不平衡；土壤中硝酸根离子集聚，致使作物硝酸盐超标，土壤溶液浓度高，不利于根系吸水。

二、有机-无机复混肥

150. 有机-无机复混肥的定义是什么？

有机-无机复混肥是一种既含有机质又含适量化肥的复混肥。它是对粪便、草炭等有机物料，通过微生物发酵进行无害化和有效化处理，并添加适量化肥、腐植酸、氨基酸或有益微生物，经过造粒或直接掺混而制得的商品肥料。

151. 有机-无机复混肥有什么特点？

① 富含有机质。有机-无机复混肥有机质部分主要为有机肥，是以动植物残体为主，经过发酵并腐熟的有机质，能够有效为植物提供有机营养元素。

② 提高养分吸收效率。有机-无机复混肥氮、磷、钾含量均衡，

同时含有大量的有益菌，能够起到固氮、解磷、解钾的作用，促进氮、磷、钾的吸收，提高氮、磷、钾的吸收率。

③ 提高作物产量和品质。

④ 培肥地力。

152. 有机-无机复混肥如何施用？

有机-无机复混肥通常作为基肥施用，根据不同的配方和农作物也可作为追肥施用，如蔬菜、果树等经济作物。不同的土壤和作物类型，施肥量也是不同的。

153. 有机-无机复混肥标准是什么？

标准《有机-无机复混肥料》（GB 18877—2009）在 2009 年的 10 月 1 日正式实施，替代了 GB 18877—2002。与旧标准相比，新标准在养分、水分含量以及肥料颗粒方面均有不同的规定。新标准将有机-无机复混肥料产品分为Ⅰ型、Ⅱ型，并分别规定了指标。Ⅰ型总养分（$N+P_2O_5+K_2O$）的质量分数≥15%，有机质的质量分数≥20%；Ⅱ型总养分（$N+P_2O_5+K_2O$）的质量分数≥25%，有机质的质量分数≥15%。

第三节　生物肥料

154. 什么是生物肥料？

生物肥料也叫微生物肥料或菌肥，是通过微生物生命活动，使农作物得到特定的肥料效应的制品，它本身不含营养元素，不能代替化肥。但一般市售的生物肥料是既含有作物所需的营养元素，又含有微生物的制品，是生物、有机、无机相结合，能提供农作物生长发育所需的各类营养元素。

155. 生物肥料有哪些种类？

生物肥料种类很多，按照肥料中含有微生物的种类可以分为细菌肥料、真菌肥料、放线菌肥料等；按照生物肥料的施用作用还可以把生物肥料分为根瘤菌肥料、固氮菌肥料、解磷菌肥料、解钾菌肥料等。

156．生物肥料的作用有哪些？

① 活化土壤中的养分物质，增加土壤中的养分来源，增加土壤肥力。

② 分泌有益物质，刺激调节作物生长，改善作物品质。

③ 拮抗病原微生物，减轻作物病害，提高作物抗逆性。

④ 减轻农业环境的污染，可大量生产无公害的食品。

一、大豆根瘤菌肥

157．什么是根瘤菌？

1888 年荷兰学者 M. W. Beijerinck 从豆科植物根瘤中分离出固氮细菌，即根瘤菌，该菌可与豆科植物建立共生关系，所固定的氮占整个生物固氮总量的 65％。

158．大豆根瘤菌的接种技术有哪些？

大豆根瘤菌的接种方式主要以液体菌剂拌种和施用颗粒菌肥为主。

159．大豆根瘤菌肥如何拌种？

大豆根瘤菌肥拌种宜在室内或阴凉处进行，避免阳光直射。先将1 份菌肥加 0.5～1 份清水或凉米汤调成浆糊状，然后加入种子搅拌，使每粒种子上都沾上菌剂，但不能损伤种皮，否则将造成烂种、缺苗。待稍晾干后即可播种，播完后立即盖土，切忌日光暴晒。已拌菌的种子最好在当天播完，超过 48 小时应重新拌种，已开封使用的菌剂也应在当天用完。种子拌菌后不能再拌杀虫剂等化学农药，如果种子需要消毒，应在菌剂拌种前 2～3 天进行，防止农药将活菌杀死。每千克菌剂可拌大粒种子 50～100 千克、小粒种子 30～50 千克。

160．使用大豆根瘤菌肥应该注意哪些问题？

大豆根瘤菌肥最好施在富含有机质的土壤中，或与有机肥料配合施用，但不能与化肥混播。施化肥时，应将种子与化肥隔开，化肥以施在种子下 4 厘米处为好。氮肥不宜施用过多，但与磷、钾及微量元素肥料配合施用，则能促进大豆根瘤菌肥活性，特别是在贫瘠的土壤上。大豆出苗后发现结瘤效果差时，可在幼苗附近浇泼兑水的大豆根瘤菌肥。

二、光合细菌肥

161. 什么是光合细菌？

光合细菌指广泛分布于湖泊、水田、污泥和作物根际土壤中具有固氮能力的一类以光作为能源且能在厌氧光照或好氧黑暗条件下利用自然界中的有机物、硫化物、氨等作为供氢体兼碳源进行光合作用的微生物。

162. 光合细菌的种类有哪些？

根据光合作用是否产氧，光合细菌可分为不产氧光合细菌和产氧光合细菌（也称蓝细菌）。根据光合细菌碳源利用的不同，光合细菌还可以分为光能自养型和光能异养型。

163. 光合细菌肥料怎样施用？效果怎样？

光合细菌肥料可用于农作物的基肥、追肥、拌种、叶面喷施、秧菌蘸根等。作种肥时，可增加生物固氮作用，提高根际固氮效应，增进土壤肥力。叶面喷施时，可改善植物营养，增强植物生理功能和抗病能力，从而起到增产和改善品质的作用。在果蔬保鲜方面，光合细菌肥料能抑制病菌引起的病害，对西瓜等的保存有良好的作用。

三、根圈促生菌生物肥

164. 什么是根圈？

根圈又称根际，指对生长中的植物根系产生直接影响的土壤范围，包括根表面。一般距根系表面几毫米的土壤区域，为植物根系有效吸收养分的场所。

165．什么是根圈促生菌？

根圈促生菌是生存在根际范围内，对植物生长具有促进作用或者是对病原菌有抑制或拮抗作用的有益微生物的总称。

166．根圈促生菌生物肥有哪些作用？

① 能够促进植物对氮、磷、钾素的吸收。
② 能够增强根系吸水能力，提高植物的抗旱性。

167．什么叫 PGPR 菌？

PGPR 菌（plant growth promoting rhizobacteria）是生存在植物根圈范围中，对植物生长有促进作用或对病原菌有拮抗作用的有益细菌的统称。

168．PGPR 菌对作物生长有哪些作用？

（1）固氮作用　某些 PGPR 菌可将空气中的分子态氮转化为有机态氮，供自身和作物吸收利用，从而促进作物对氮的吸收，增加作物产量。

（2）溶磷作用　植物根圈范围内存在溶磷解磷细菌，这些细菌通过释放出有机酸溶解土壤中的无机磷，或者通过分泌代谢产物降解有机磷，提高植物对磷的吸收利用效率。

（3）产生铁载体　某些 PGPR 菌可以通过产生和分泌各种具有高亲和力的铁载体，结合 Fe^{3+} 将其还原成能够被植物体高效利用的 Fe^{2+}，改善植物的铁营养状况。铁载体的产生可与根际病原微生物争夺有限的铁营养，从而抑制了病原微生物的生长繁殖。

（4）产生植物激素　许多 PGPR 菌可以产生植物生长激素、细胞分裂素和赤霉素等，促进植物根系生长发育以及有效吸收土壤中的水分和矿物质养分。

（5）促进有益微生物与宿主的共生　PGPR 菌能够刺激植物根部的生长，为根瘤菌的感染和结果结瘤提供了更多的机会。生物肥料的PGPR 菌在有些情况下可以刺激宿主植物和有益根际真菌的共生，从而进一步提高植物对养分的吸收利用。

四、解磷菌肥

169. 什么是解磷菌?

解磷菌是土壤中存在的能够释放有机酸或无机酸，增加难溶性磷酸盐的溶解性和土壤有效磷含量，改善作物磷素营养的一类微生物。

170. 解磷菌的种类包括哪些?

解磷菌的种类很多，按菌种及肥料的作用特性分为有机解磷菌肥料和无机解磷菌肥料。

171. 解磷菌的解磷原理有哪些?

① 无机磷化合物的溶解作用。
② 有机磷的降解作用。
③ 解磷菌细胞对磷素有固定与释放作用。

172. 解磷菌肥料如何施用?

作基肥时可与农家肥料混合均匀后沟施或穴施，施后立即覆土；作追肥时将肥液于作物开花前期追施于作物根部；拌种时在解磷菌肥料内加入适量清水调成糊状，加入种子混拌。

173. 施用解磷菌肥料时有哪些注意事项?

解磷菌肥料应用于缺磷但有机质丰富的土壤效果最佳；不同类型的解磷菌种互不拮抗，可以复合施用；解磷菌肥料不能和农药及生理酸性肥料同时施用；解磷菌的适宜温度为 30～37℃，适宜的 pH 为 7.0～7.5。

五、解钾菌肥

174. 什么是解钾菌?

解钾菌又称钾细菌、硅酸盐细菌，是从土壤中分离出来的一种能分化硅铝酸盐和磷灰石类矿物的细菌，能够分解钾长石、磷灰石等不溶性的硅铝酸盐的无机矿物，促进难溶性的钾转化为可溶性养分，促进作物生长发育，提高产量。

175. 解钾菌肥料的施用效果如何？

解钾菌对作物生长的影响主要表现为可以提供作物生长的营养成分、促进作物生长、改善作物品质、增强作物的抗逆性等。解钾菌对植物生长的促进作用不但表现在提高土壤速效钾含量上，而且还可能表现在分泌生长激素、提高抗病性或改善根际与微生态环境等方面。

（1）解钾菌在水稻上的应用　解钾菌对水稻的生长发育具有促进作用，可有效控制无效分蘖、增强植株的抗倒伏能力，每穗的总粒数、实粒数和千粒重较对照分别增加 4.5 粒、3.1 粒和 0.4 克，水稻也可增产 6.96%。

（2）解钾菌在花生上的应用　解钾菌还可改善花生品质，使花生增产 17.93%。

（3）解钾菌在甘薯上的应用　甘薯接种解钾菌可增产 6.95%～10.27%，并可提高单薯重，但对甘薯茎叶产量影响不大。

（4）解钾菌在大豆上的应用　解钾菌对大豆有明显的增产效果，可较对照增产 16.85%，同时可提高大豆根瘤的结瘤数，并在一定程度上抑制病虫害，起到防病、抗病、增产的效果。

六、菌根真菌肥料

176. 什么是菌根真菌？

菌根真菌是真菌与植物的根系共同生长形成的一种共生体。真菌与植物根系相互汲取生长所需要的养分与水分，二者相互依存形成一种共生关系。

177. 菌根的分类包括哪些？

从菌根形态学特征角度区分，菌根可以分为 3 种类型：外生菌根、内生菌根及内外生菌根。内生菌根中菌丝体呈泡囊状和丛枝状，在农业生产中应用较多，简称 VA 菌根或 VAM 菌根。

178. VA 菌根有哪些作用？

VA 菌根能够提高植物抗旱、抗盐碱、抗寒、抗冻等能力，促进植物对磷素、氮素、钾素的吸收。

179．菌根真菌肥料的施用效果原理？

（1）溶解活化作物养分，改善作物矿物质营养状况　菌根真菌肥料能够溶解、活化土壤中磷、锌等矿物质养分，提高植物体内的养分含量，同时菌根对氮、钾、镁、钙、铁的吸收也具有一定的促进作用。菌根真菌对微量元素铜、锌具有更强的吸收作用，可缓解植物铜、锌缺素症，同时减轻磷、锌、铜的相互作用。

（2）促进水分吸收，提高抗旱性　正常状态或是干旱条件下，接种菌根真菌可以提高植物叶片的相对含水量，降低叶片水势；干旱条件下还可降低植物永久萎蔫点，加速植株在逆境中的恢复速率，提高苗木移栽成活率。

（3）提高植物抗逆性　接种菌根真菌能够减轻土传病害，有研究表明，外生菌根真菌能够合成抗生素，杀死或抑制病原菌，诱导植物产生抗病性。

180．菌根真菌肥料如何施用？

由于该类微生物肥料的特殊性，对于同植物种类其应用技术有所不同。对于园艺作物可在苗床或营养钵育苗播种的同时接种菌根真菌剂；对于组培苗可在生根后移出容器外时直接给幼苗根系接种；对于大田作物则可对种子进行菌剂丸衣化、菌剂拌种或条播菌根真菌生物肥料。

七、复合微生物菌肥

181．什么是复合微生物菌肥？

复合微生物菌肥是由功能型微生物（解磷、解钾、固氮微生物）或其他多种微生物（无拮抗性）与营养物质复合而成的微生物肥料。

182．复合微生物菌肥有哪些种类？

复合微生物菌肥可以分为单独由多种微生物复合而成或者是由微

生物与营养元素、肥料添加剂、肥料增效剂复合而成两大类。根据组成的成分不同，后者又可以分为以下几类：

（1）微生物与微量元素复合而成　微量元素对植物体内酶活及辅酶组成具有重要意义，对高等植物叶绿素和蛋白质的合成、光合作用以及养分的吸收和利用起着促进和调节的作用，例如铝、铁等是固氮酶的组成成分，是固氮过程中的关键元素。

（2）联合固氮菌复合而成　固氮微生物利用植物分泌物和根的脱落物作为能源物质进行生物代谢和固氮，称为联合固氮体系。联合固氮菌复合肥料是从水稻、玉米、小麦等禾本科植物的根系分离出联合固氮细菌，进而研发出的具有固氮、解磷、分泌植物激素等作用的一类微生物肥料。

（3）固氮菌、根瘤菌、解磷菌和解钾菌复合微生物菌肥　该类复合微生物菌肥是选用不同的固氮菌、根瘤菌、解磷菌和解钾菌，分别接种到培养基上培养，按比例混合制成的菌剂。此类微生物菌肥可以供给作物一定量的氮、磷和钾元素，其效果优于单株菌接种。

（4）有机-无机复合微生物菌肥　在复合微生物菌肥中加入化肥，可制成有机-无机复合微生物菌肥。单独使用微生物菌肥不能满足作物对营养元素的需要，增产效果不明显；大量不合理使用化肥，可导致土壤板结，作物品质下降。而此类复合微生物菌肥很好地综合了微生物菌肥与化肥的优势，同时达到减少化肥用量、增产、改善品质、保护环境安全的目的。

（5）多菌株多营养生物复合肥　该类复合微生物菌肥是以农副产品或发酵工业的肥料为原料，利用微生物的共生关系通过多种有益微生物混合发酵而成的生物复合肥。其微生物的种类繁多，可以产生多种酶、维生素以及其他生理活性物质，可直接或间接促进作物生长。

183. 复合微生物菌肥如何施用？

复合微生物菌肥适合作为不同作物的基肥及追肥施用，使用时应避免与作物种子或根系直接接触，建议间隔以 5～8 厘米为宜。根据肥料中氮、磷、钾元素含量的多少，可以单独使用或与化肥一同施用。

第四节 微量元素肥料

184. 什么是微量元素？为什么要使用微量元素肥料？

植物正常生长发育所必需的营养元素中，有一些是需要量极少的，但对植物是不可缺少又不能互相代替的，比如钼、硼、锰、铜、锌、氯、铁等就属于这类元素，通常称为微量营养或微量元素。和微量元素相对而言，碳、氢、氧、氮、磷、钾被称为大量元素，钙、硫、镁被称为中量元素。而微量元素大多是植物体内促进光合作用、呼吸作用以及物质转化作用等的酶或辅酶的组成部分，在植物体内非常活跃，它们的生理功能非常专一，在植物生长发育过程中的作用很大。当土壤中的某种微量元素不足时，植物就会出现"缺乏症状"，使农作物的产量和品质降低，严重时甚至颗粒无收。在这种情况下施用微量元素肥料，往往会获得极为明显的增产效果。

土壤是植物所需微量元素的主要来源。一般来说，土壤中总是含有不同种类和不同数量的微量元素，但不一定都是植物需要的，即使是植物需要的，也不一定是能被植物吸收利用的形态，因此有时必须通过施用微量元素肥料来补充。土壤中的微量元素含量多少、形态和分布状况，以及植物的"缺乏症状"、是否需要施用微量元素肥料等情况，依据中国科学院南京土壤研究所的研究，可以根据植物叶片中各种微量元素的含量判断其丰欠程度（见表10）。

表 10　植物叶片中微量元素含量范围和判断标准

单位：毫克/千克

元素	缺乏	适量	过量
钼	<0.1	0.2～0.5	—
硼	<15	20～100	>200
锰	<20	20～500	>500
锌	<20	25～150	>400
铜	<4	5～20	>20
铁	<50	50～250	—

185. 微量元素肥料有哪些种类和品种？

微量元素肥料的种类很多，可以按元素区分，也可以按化合物的类型区分。

按元素区分，微量元素肥料有钼肥、硼肥、锰肥、锌肥、铜肥、铁肥等（见表11）。硼离子和钼离子常为阴离子，常用的是硼酸盐或钼酸盐；其他元素离子为阳离子，常用的是硫酸盐（如硫酸锌、硫酸锰等）。

表11　常用的微量元素肥料品种

微量元素	肥 料 品 种
硼	硼砂、硼酸、硼镁肥、硼镁磷肥、含硼过磷酸钙、含硼硝酸钙、含硼碳酸钙、含硼石膏、含硼玻璃肥料、含硼矿物、含硼黏土、硼泥(硼渣)
钼	钼酸铵、钼酸钠、三氧化钼、含钼过磷酸钙、钼渣
锌	硫酸锌、氯化锌、氧化锌、碳酸锌、硫化锌、磷酸铵锌、螯合锌
锰	硫酸锰、氯化锰、碳酸锰、氧化锰、含锰过磷酸钙、锰渣、含锰玻璃肥料
铜	硫酸铜、碳酸铜、氧化铜、氧化亚铜、硫化铜、磷酸铵铜、硫铁矿渣、选矿尾砂
铁	硫酸亚铁、硫酸铁、磷酸铵铁、硫酸铵铁、螯合铁

按化合物的类型区分，微量元素肥料可以分为以下七大类：

（1）易溶的无机盐　属于速溶性微肥，例如硫酸盐、硝酸盐、氯化物等。钼肥则为钼酸盐，硼肥为硼酸或硼酸盐。

（2）溶解度较小的无机盐　属于缓效性微肥，例如磷酸盐、碳酸盐、氯化物等。

（3）玻璃肥料　是含有微量元素的硅酸盐型粉末，高温熔融或烧结的玻璃状物质，溶解度很低。

（4）螯合物肥料　是天然的或人工合成的具有螯合作用的化合物，与微量元素螯合的产物。

（5）混合肥料　由机械方法混合几种单一肥料，或一种单一肥料与二元或三元复合肥料混合而得。

（6）复合肥料　是指含有两种或两种以上营养元素的化肥。

（7）含微量元素的工业废弃物　其中常含有一定数量的某种微量元素，也可作为微量元素肥料使用，一般都是缓效性肥料。

此外，各种有机肥料都含有一定数量的各种微量元素，是微量元素肥料的一种来源，但不能认为有机肥料能够完全满足农作物对微量元素的需要。

186. 微量元素肥料有几种施用方法？

微量元素肥料的施用方法很多，有土壤施肥、种子处理和根外追肥等。

（1）土壤施肥　即作基肥、种肥或追肥时把微量元素肥料施入土壤。这种施肥方法虽然肥料的利用率较低，但有一定的后效。含微量元素的工业废弃物和缓效性微肥，常采用这种施肥方法。为了经济用肥，一般采用条施和穴施。

（2）种子处理　包括浸种和拌种两种方法。浸种时将种子浸入微量元素溶液中，种子吸收溶液而膨胀，肥料随水进入。常用的浓度是 0.01%～0.1%，时间是 12～24 小时。拌种时用少量水将微量元素肥料溶解，将溶液喷于种子上，搅拌均匀，使种子外面沾上一层溶液后阴干播种。一般每千克种子用 2～6 克肥料。

（3）根外追肥　即将微量元素肥料溶液用喷雾器喷施到植株上，使其通过叶面或气孔吸收而运转到植株体内。常用的溶液浓度为 0.01%～0.1%。

（4）蘸秧根　是水稻的特殊施肥方法，其他需要移栽的农作物也可以采用蘸秧根的方法施肥。

一、硼肥

187. 硼在土壤中以什么形态存在？怎样转化？

硼在土壤中有四种形态：难溶性硼，指土壤中的含硼矿物，是作物难以吸收利用的；水溶性硼，以离子状态存在于土壤溶液中；缓效性硼、有机态硼，存在于有机物中。有效性硼常以水溶性硼表示，是作物可以吸收利用的硼。

土壤中的含硼矿物会缓慢风化释放出硼，补充因淋洗损失和被作物吸收掉的硼。有效性硼也会受环境因素的影响而变成作物不能吸收利用的状态。影响这种转化的环境因素是土壤 pH 值、有机质含量和气候条件，而以土壤 pH 值的影响最大。

（1）土壤 pH 值　土壤 pH 值在 4.7～6.7 时硼的有效性最高。水溶性硼与 pH 值之间为正相关。pH 值为 7.1～8.1 时硼的有效性降低，水溶性硼与 pH 值之间为负相关。作物缺硼大多发生在 pH 值大于 7.0 的土壤。

土壤中硼的有效性，主要受吸附固定作用的影响，而吸附固定作用又与 pH 值有密切关系。土壤中吸附固定硼的主要是铝、铁的三价氧化物和黏土矿物，其中以氢氧化铝固定硼的能力最强。在土壤 pH 值为 7 时，氢氧化铝对硼的吸附量最大；而在土壤 pH 值为 8.9 时，氢氧化铁对硼的吸附量最大。

（2）有机质含量　有机质含量高的土壤有效性硼多，因为与有机物结合或被有机物所固定的硼，在有机物分解时会被释放出来，成为有效态硼。对酸性土壤来说，有机物使硼固定可避免被淋洗，起了保护作用，有机物矿化后会增加有效性硼含量。

（3）气候条件　干旱使硼的有效性降低。干旱地区硼的固定作用增强，温度愈高愈甚，从而降低水溶性硼含量。

湿润多雨地区，常由于强烈的淋洗作用而导致硼的损失，降低有效性硼含量，特别是轻质土壤尤为显著。

188. 怎样判断作物是否需要施硼肥？

首先要看植物有无缺硼症状。不同作物缺硼的症状不同，但它们的共同症状是生长点死亡、根系发育不良，有时只开花不结实，生长期推迟。一般来说，作物在孕蕾和开花期缺硼的症状表现最显著。甜菜、萝卜、芹菜、苜蓿等都可作为土壤缺硼的指示作物。从株型看，缺硼时顶芽首先受损，生长停滞、枯萎以致死亡，形成顶枯现象；顶芽死亡后由腋芽抽出新的分枝，这些次生分枝不久也枯萎、死亡；然后再抽新的分枝，使整个植株呈丛生状。从叶片看，缺硼时叶片卷曲、扭曲、出皱、变厚而碎、凋萎、焦伤等，叶柄和茎部肥厚、开裂、有木栓化现象。从根系看，根系发育不良、变形，易枯萎开裂，次生根少。从花朵看，花数少，雄蕊发育不良、花药小、不开裂、不能散粉或无花粉、结实少或不结实，或者果实内无种子。

其次要根据植物的化学分析来判定。植物正常含硼量 2.3～100

毫克/千克左右，禾本科植物一般小于 10 毫克/千克，其他植物一般为 20～100 毫克/千克，几种植物中硼的缺乏、充足和毒害水平见表 12。

表 12　植物中硼的缺乏、充足和毒害水平

单位：毫克/千克

植物	植物组织取样部位	干物质中硼含量		
		缺乏	充足	毒害
玉米	抽雄期穗下或穗对面的叶子	—	10	
	穗形成以前营养生长阶段植株总的地上部分	<9	15～90	>100
小麦	孕穗期组织	2.1～5.0	8	>16
	秸秆	4.6～6.0	17	>34
	植株高 40 厘米时的地下部分	<0.3	2.1～10	>10
马铃薯	苗龄 32 天的植株	<15	21～50	>50

土壤缺硼的临界含量为沸水提取（煮沸 5 分钟）有效态硼含量 0.5 毫克/千克。需硼较少的作物缺硼临界含量低于上述数值，而对于喜硼的甜菜来说，有效态硼含量达 0.8～1.0 毫克/千克时，施硼仍然有效。

189. 硼有哪些功能？

硼在植物体内参与碳水化合物的转化和运输、调节水分吸收和养分平衡。植物开花结实和生长点（包括根系）生长都离不开硼。硼的供给不足时，植物生长不良，产量和质量下降，有的作物如小麦、油菜只开花不结实；严重缺硼时，作物苗期便会死亡。

典型的缺硼症状，如甘蓝型油菜的"花而不实"病、甜菜的心腐病、萝卜的褐心病、芹菜的裂茎病、烟草的顶腐病、苹果的内木栓病和干斑病等。

豆科作物施用硼肥能促进根瘤着结，提高其固氮能力，在禾本科作物中除麦类外，硼肥对水稻也有良好的增产效果，在缺硼土壤上施用硼肥时水稻的株高、根长、千粒重、分蘖数都有显著增加，空秕率降低，还能促进水稻提早返青和成熟。

玉米施用硼肥籽粒饱满，根系发达，秃尖短。硼肥能使甜菜含糖量增加，并有防治心腐病的作用。纤维作物施用硼肥能提高纤维质量和防止亚麻细菌病的发生。在果树上施用硼肥，能提高坐果率，并使果实中糖分和维生素 C 含量增加，提高果实质量。蔬菜类施用硼肥，可以提高产量、质量，并能增强其耐贮存性。

190．怎样施用硼肥？

含硼肥料主要是硼酸和硼砂、含硼的复合肥料，以及含硼矿物、含硼工业废渣等。硼酸和硼砂溶于水，可以作基肥、种肥、追肥以及种子处理或根外追肥；含硼的复合肥料指含硼过磷酸钙、含硼碳酸钙、含硼石膏、硼镁肥等，常作基肥或种肥；含硼矿物只宜作基肥；含硼工业废渣是生产硼砂的下脚料，也称硼泥，可以作基肥或种肥。

硼肥的主要施用方法是作基肥。在缺硼的情况下，可每公顷施 11.25～18.75 千克硼酸或硼砂。为了施得均匀，可以将硼肥与氮肥、磷肥等混合施用，或与干土、砂等混合施用。硼肥有一定的后效，施用一次肥效可以延续 3～5 年。

处理种子时用硼酸或硼砂溶液浸种，常用浓度为 0.01％～0.1％，浸种 6～12 小时。拌种时每千克种子用硼砂或硼酸 0.2～0.5 克。

根外追肥（叶面喷肥）用硼砂溶液的浓度一般为 0.2％（即 50 千克水中加 100 克硼砂，先将 100 克硼砂加 0.5 千克 60℃的热水溶解后再稀释到所需的浓度）；硼酸含硼量较高，一般用 0.1％～0.15％的浓度即可，晶体硼镁肥一般用 1.5％～2.0％的浓度进行喷洒。

二、钼肥

191．钼有哪些生理作用？

钼与植物体中的氮、磷和碳水化合物的转化及代谢过程有密切关系。植物吸收的硝酸态氮必须先转化（还原）成铵态氮以后才能合成蛋白质。钼不足时，硝酸态氮的还原过程就不能顺利进行。植物叶片中如有硝酸态氮积累，蛋白质的合成就会受到影响。钼又是固氮作用的催化剂——固氮酶的组成成分，只有钼的供给充足，固氮酶才能固氮，所以钼是固氮作用不可缺少的元素。缺钼时，豆科植物的根瘤发育不良，根瘤少而且很小，固氮作用很弱或者不能固氮。

此外，钼还与维生素 C 的合成有关，施用钼肥能使植物中的维生素 C 含量增多。

钼肥可以使大豆株高、分枝数、单株荚数、饱荚数、百粒重增加，其他豆科作物及绿肥施用钼肥也有较好的增产效果。在缺钼的土壤上，小麦、玉米、马铃薯、甜菜、番茄、菠菜等施用钼肥，都有一定的增产作用。

192. 怎样判断作物是否需要施用钼肥？

根据植物体的缺钼症状和土壤中钼的含量，都可以判断是否需要施用钼肥。

对钼敏感的农作物的生长情况，可以作为钼的供给情况的指标。豆科作物和十字花科作物对钼肥反应最敏感，缺钼时容易发生"缺钼症"。但豆科植物的缺钼症状与缺氮症状相似，没有专一性；而十字花科植物则有特殊的症状，可以作为缺钼指示作物。植物缺钼一般叶片失绿，失绿部位在叶脉间，先形成黄绿色或橘红色斑点，继而叶缘卷曲、凋萎以致干死；成熟的叶片有的尖端有灰色、蓝色褶皱或坏死斑点，叶柄和叶脉干枯。缺钼症状首先表现在老叶，继而在新叶上出现。有时生长点死亡，花的发育受到抑制，籽实不饱满。

植物体内含钼范围是 0.1～300 毫克/千克，正常含量是 0.1～1.5 毫克/千克。双子叶植物，尤其是十字花科植物和豆科植物含钼较多，对钼有较大的需要量，禾本科植物含钼量则较少。一般植物含钼量少于 0.1 毫克/千克时为缺钼。

有些土壤容易发生缺钼现象，如 pH 值低于 6 的酸性土壤、排水良好的石灰性（碳酸盐）土壤等。酸性土壤施用石灰可以提高钼的可给性。在施用磷肥后，植物吸收钼的能力增强，钼肥的效果好。磷肥与钼肥配合施用常会表现出好的肥效。施用含硫肥料以后，容易出现缺钼现象。此外，锰也影响植物对钼的吸收，可导致缺钼。

土壤中有效态钼的含量约为 0.15～0.20 毫克/千克（用草酸-草酸铵溶液提取，pH 值为 3.3），少于 0.10 毫克/千克时常有缺钼症状出现，这个指标主要适用于判断豆科作物对钼肥的需要情况。而酸性土壤常根据土壤 pH 值和有效态钼含量求得所谓的"钼值"来判断钼的供给情况。

钼值＝pH 值＋［有效态钼含量（以毫克/千克计）×10］，钼值＜6.2 时，土壤中钼的供给不足；钼值＞8.2 时，不需要施用钼肥。

193. 怎样施用钼肥？

常用的钼肥是钼酸铵，含钼 54％，易溶于水，此外还有钼酸钠、三氧化钼等。含钼的工业废渣也可以作钼肥用。生产钼酸盐的下脚料含钼 10％左右，是较好的廉价钼肥。

钼肥可以作种子处理和根外追肥。种子处理是最常用的钼肥施用方法，效果好而节省肥料。钼肥浸种的钼酸铵溶液浓度为 0.05％～0.1％，浸 12 小时左右，种子与溶液的比例约为 1∶10。播种浸种处理过的种子，土壤墒情一定要好，否则发芽受影响。用钼肥拌种时，先将钼酸铵用少量热水溶解，再用冷水稀释，然后喷于种子上拌匀。拌种的用肥量，一般每千克种子用钼酸铵 2～4 克。

根外追肥也是常用的施钼肥方法，效果与种子处理相似。常用的是浓度 0.01％～0.1％的钼酸铵溶液，每公顷喷施 600～750 千克，根外追施钼肥，一般于苗期至花前期进行，喷施 1～3 次，每次时间间隔一周至十天。

含钼废渣最适于作基肥或种肥施入土壤，施用量依含钼量多少来确定，一般每公顷施钼 375～750 克。

194. 钼在土壤中以什么形态存在？怎样转化？

钼在土壤中存在的形态有水溶性盐、代换性阴离子、有机态钼和难溶态钼，前两种形态的钼对作物是有效的，有机态钼要矿化后才能被作物吸收利用，难溶态钼对作物的有效性是很低的。

土壤中钼的转化主要是受土壤酸碱度的影响，不同 pH 值下钼的溶解度不同，钼酸根离子被吸附固定的程度也不同。在碱性土壤条件下，一些钼的氧化物就可以转化为水溶性钼，而在酸性土壤条件下有效性钼（如钼酸根离子）或者被活性铁、铝、锰所固定，或者被土壤矿物和胶体所吸附，从而有效性减小。

土壤中钼很大部分处于吸附状态，在 pH 值低的情况下，钼的吸附量增多。钼的最高吸附量出现在 pH 值为 3～6 时，pH 值在 6 以上时吸附作用迅速减弱，在 pH 值为 8 以上时，几乎不再吸附。

在缺钼的酸性土壤中施用石灰，可以改善作物的钼营养状况，达到与施用钼肥同样的效果。

三、锌肥

195. 锌有哪些功能？

锌是一些酶的组成成分，并与叶绿素的合成和碳水化合物的转化有关。锌能提高作物产量和籽粒重量，增加籽实茎秆比率，提高植物的抗寒性和耐盐性。玉米、水稻、亚麻、甜菜和一些豆类、果树及经济林木对锌都比较敏感。锌能增加玉米植株高度、结穗数、穗长、穗粗和单株粒重，并使玉米成熟期提前；施用锌肥后水稻株高、有效分蘖数、每穗粒数、千粒重都有增加，空秕率降低；甜菜对锌的需要量很大；果树对锌肥的反应也很好。

196. 怎样判断作物是否需要施用锌肥？

植物缺锌的外部特征、植株及土壤的化学分析结果，都可作为判断锌的供给情况的指标。

植物缺锌的一般症状是叶脉间失绿、直立，植物生长发育停滞，叶片变小，节间缩短，形成小叶簇生。大多数作物缺锌时顶端首先受影响，生长缓慢或停滞，节间短、主茎矮。玉米、水稻的缺锌症状如下：

（1）玉米　在严重缺锌的地区，玉米出苗后一周便可能出现缺锌的初期症状，在叶脉间出现浅黄色到白色的条纹，有时在叶片上或叶缘出现白色斑点且迅速扩大，有时会坏死；叶面半透明，有时沿条纹开裂，部分叶缘也可能坏死；新芽为白色，所以，称玉米缺锌症状为"白苗病"。

植株较大时，老叶叶脉间也形成失绿条纹，老叶的叶鞘变为紫色，严重时由紫色变为褐色而坏死。植株下部的各节变成紫色，缺锌愈严重则紫色愈深。

（2）水稻　水稻缺锌时，在移栽后两周到一个月出现失绿条斑和棕色锈状条点，条点呈圆形或卵圆形，直径约 1～3 毫米，严重时形成条纹。植株生长缓慢，株高和分蘖数显著降低，成熟期推迟，影响产量。

根据植株的形态特征，将水稻缺锌程度分为四级：

① 生长正常　植株含锌量在 12～17.5 毫克/千克。叶色浓绿，整株叶片没有褐色斑点，生长整齐，叶片宽大。

② 轻度缺锌　植株含锌量在 0.56～0.70 毫克/千克。叶色绿，在分蘖期基部老叶出现少量褐色斑点，这种症状维持半个月左右即消失。

③ 中度缺锌　叶色浅绿，基部 1～2 层老叶出现较多的褐斑，有的植株新叶中筋黄化变白，生长缓慢，这种症状能持续 20 天左右或更长。

④ 严重缺锌　新叶中筋失绿变白，其他叶片出现大量褐斑，基部叶片全叶呈褐色，叶尖干枯焦裂。远看稻丛一片赤褐色，植株生长受到抑制。新叶变小，叶枕间距离缩短，植株矮小，根系细弱。延续到抽穗成熟期，则有的植株不能抽穗或仅抽出一小穗，参差不齐，迟熟，严重减产。

作物正常含锌量为 25～150 毫克/千克，一般少于 20～25 毫克/千克时为缺锌。不同种类的作物含锌量有很大差异。一些作物叶片的含锌量是：玉米 70～150 毫克/千克；水稻 20～120 毫克/千克；小麦 40～150 毫克/千克；大豆 70～150 毫克/千克。一般幼苗期含锌量较多，以后逐渐下降。水稻对锌有较大的容许量，少于 10 毫克/千克时常表现出缺锌症状，中毒时茎秆的锌含量在 1500 毫克/千克以上。

酸性和中性土壤用 0.1 摩尔/升盐酸提取有效态锌；中性和石灰性土壤常用 1 摩尔/升氯化钾提取。

197. 什么土壤上施用锌肥效果好？

① 酸性土壤和石灰性土壤经常缺锌。酸性土壤，尤其是砂土中含锌量较低，有效态锌含量更低，施用石灰时特别容易诱发缺锌。碱性土壤锌的可给性低。

② 含磷量高的土壤或大量施用磷肥时，能减弱作物对锌的吸收

能力，一些作物容易出现缺锌症状。

③ 新平整的土地和修筑的梯田，如表土没有复位，心土暴露，有效态锌比原有表土少，容易发生缺锌现象。如种植喜锌作物玉米，症状更为明显。

此外，含大量有机质的土壤，或者大量施用氮肥时，施锌也有效果。

198. 怎样施用锌肥？

锌肥可以作基肥、种肥、追肥施用，或者进行根外追肥、种子处理。

（1）基肥、种肥和追肥　各种锌肥都可以作基肥、种肥和追肥施入土壤。硫酸锌土壤施肥的用量是每公顷 $11.25\sim22.5$ 千克，通常用 11.25 千克。由于锌在土壤里不易移动，应施在种子下面或旁侧。为了施用方便，可以与生理酸性肥料或砂土混合后均匀地施入土壤，但不可与磷肥混合。

（2）根外追肥　根外追肥一般在必要的生长发育阶段或出现缺锌症状后进行。用硫酸锌作根外追肥常用的浓度为 $0.01\%\sim0.05\%$。

（3）种子处理　用硫酸锌浸种时，适宜的浓度是 $0.02\%\sim0.05\%$。拌种时 1 千克种子用硫酸锌 $4\sim6$ 克，先用少量水溶解后，均匀地喷在种子上，再轻轻加以混拌。生长发育后期根据对锌的需要，再施追肥或根外追肥来补充。

玉米常用的施锌肥方法是浸种、拌种和根外追肥。用硫酸锌浸种的适宜浓度为 0.02%；拌种的用量为 1 千克种子 4 克；根外追肥的浓度为 0.01%，于苗期喷洒。

水稻施用锌肥，可用锌肥浸种、根外追肥或蘸秧根。浸种用 0.1% 的硫酸锌溶液（溶液里可加 0.05% 的熟石灰）；蘸秧根常用 1% 的氧化锌的悬浊液，每千株稻秧需溶液 1 千克左右。

四、铁肥

199. 铁有哪些作用？怎样施用铁肥？

铁是一些酶的组成成分，叶绿素中虽不含铁，但铁却是合成叶绿素所必需的。铁又是植物吸收利用氮和磷的限制因素，缺铁时植物不能充分利用氮和磷。植物体内锰、铜、钼、钒、锌含量过高和缺钾时都会降低植物对铁的吸收能力。有时含磷量过高的土壤也会降低铁的可给性。

植物缺铁时，叶绿素被破坏，叶片失绿。严重缺铁时，叶片变成白色，尤其是新生的叶片。植物因缺铁失绿，与其他元素引起失绿的不同之处是叶脉本身保持绿色。植物含铁量少于50毫克/千克时可能会发生缺铁症状。

根外追肥是治疗缺铁症的常用施铁肥方法。可溶性铁盐和有机态铁肥都可以喷施，施用量小且收效快。由于铁在叶片中不易流动，喷施铁肥不能使全叶片复绿，只是喷到肥液的地方才复绿（点状复绿），所以需要经常喷施。常用0.05％～0.3％的硫酸亚铁溶液，一般连续喷2～3次。植物严重缺铁时，出苗后10天第一次喷施；出苗后25天第二次喷施；仍然有新的失绿症状时，应进行第三次喷施。

为了使溶液容易附着在叶片上，可在溶液中加入少量表面活性剂（如洗衣粉）。

果树缺铁时也可用注射法补施铁肥。将0.1％～0.3％硫酸亚铁溶液盛在玻璃瓶中，在离果树1米处挖土，露出树根，选直径5毫米粗细的树根，切断后插入硫酸亚铁瓶中，然后将土埋好。埋瓶时间最好是在早春果树刚刚开始萌芽的时候，缺铁严重的果树，在花前，即秋后冬埋一次。秋后冬埋的目的是贮存越冬果树一年所需的铁，在较长时间内控制失绿症状的发生。

五、锰肥

200. 锰在土壤中以什么形态存在？怎样转化？

锰在土壤中存在的形态，可分为能被作物吸收的二价锰化合物（包括水溶性锰与代换性锰）和不易被作物吸收的高价锰氧化物。高价锰氧化物包括最稳定的四价锰氧化物（MnO_2）、不活泼的四氧化三锰（Mn_3O_4）和在一定条件下能够转化的三价锰氧化物（$Mn_2O_3 \cdot nH_2O$）。三价锰氧化物具有易还原性。代换性锰和易还原性锰都是有效性锰。

土壤中二、三、四价锰氧化物依一定条件而互相转化。影响其转化的土壤条件主要是 pH 值、氧化还原条件以及有机质的多寡。

在强酸性土壤中四价锰氧化物减少，二价锰氧化物明显增加；在微碱性土壤条件下二价锰氧化为三价锰，三价锰在酸性反应下容易起歧化作用，即 $Mn_2O_3 \rightarrow MnO + MnO_2$，当 pH > 8 时，$Mn^{2+}$ 氧化成 Mn_2O_3。所以石灰性土壤中有效性锰含量少，酸性土壤中有效性锰含量多。

氧化条件下锰由低价向高价转化，因此通透性良好的轻质土壤中锰的有效性低，而淹水条件下，土壤中的氧压降低，即使 pH 值较高，也因低氧压和微生物活动所引起的生物还原作用使高价锰还原为低价锰，增加了锰的有效性，故水稻土的有效性锰含量增加。

201. 锰有哪些作用？

锰在植物体内主要是参与光合作用、氮的转化和碳水化合物的转移。它还和许多酶的活动有关。粮、棉、油、糖和一些经济作物以及果树、蔬菜等都对锰肥有反应。小麦施用锰肥，穗长、小穗数、穗粒数、千粒重都有增加，施用锰肥还能使小麦蛋白质成分中的麦胶蛋白含量增加，提高小麦的品质。豆科作物施用锰肥可以增加结荚数，降低空秕率，增加百粒重。甜菜也是需锰较多的作物，施用锰肥可以增加块根产量和含糖量。需锰较多的作物还有马铃薯、玉米等。

202. 怎样判断作物是否需要施锰肥？

作物是否需要施锰肥可以根据缺锰症状来判断。倘若缺锰、缺铁、缺锌同时发生，则必须借助于化学分析进行进一步判断。

（1）缺锰症状 植物缺锰的症状有早期和后期两个阶段。在早期缺锰阶段，叶片的主脉和侧脉附近呈深绿色、带状，叶脉间则为浅绿色，到了中期叶片的主脉和侧脉附近的带状区域变成暗绿色，叶脉间为浅绿色的失绿区，并且逐渐扩大。到后期严重缺锰的阶段，叶脉间的失绿区变成灰绿到灰白色，叶片薄，枝条有顶枯现象，长势很弱。禾本科植物则出现与叶脉平行的失绿条纹，条纹呈浅绿色，逐渐变成灰绿色、灰白色、褐色和红色。

对锰敏感的小麦、玉米和甜菜更有特殊的缺锰症状。小麦叶片出现与叶脉平行的失绿条纹，由黄色到黄绿色，叶脉仍为绿色，黄色条纹扩大成杂色斑点，叶尖也会变成黑色。玉米叶脉间出现黄绿色条纹，与叶脉平行、与叶长等长。甜菜初期在叶脉间出现小的失绿叶斑，随着缺锰的程度加剧，失绿的叶斑由黄绿色变成浅黄色或浅绿色，叶脉和叶脉附近仍然保持绿色，称为"黄斑病"。失绿叶病斑逐渐增多，扩大而合并，逐渐蔓延到全叶。叶缘向上卷曲而高出叶面，叶片呈三角形，最后变成褐色而坏死，严重时坏死部分脱落穿孔，叶片呈直立状。出现叶斑的同时，植株生长缓慢或停滞。

（2）缺锰的化学分析　植物的含锰量可作为判断土壤中锰的供给情况和锰肥效果的指标。植物的正常含锰量由痕量到 1000 毫克/千克以上，一般植物约为 20～100 毫克/千克。对锰敏感的甜菜、马铃薯含锰量为 50～260 毫克/千克；中度敏感的小麦、亚麻含锰量为 30～126 毫克/千克；不敏感的水稻含锰量为 30～60 毫克/千克。有缺锰症状的植物的含锰量常在 20 毫克/千克以下。植物不同部位的含锰量也不相同，如小麦叶片为 71～81 毫克/千克，茎秆为 36～42 毫克/千克，穗为 23～35 毫克/千克。土壤的含锰量也可以作为判断锰肥效果的指标，土壤中代换性锰少于 4 毫克/千克表明植物缺锰。

203．怎样施用锰肥？

锰肥有浸种、拌种、根外追肥和作基肥四种施用方法。

（1）浸种　用 0.05％～0.1％硫酸锰溶液浸种 12～24 小时，种子与溶液的比例约为 1∶1，即 1 千克种子用 1 千克硫酸锰溶液。

（2）拌种　小麦拌种时，每千克种子用 4～8 克硫酸锰。

（3）根外追肥　一般每公顷喷施 0.05％～0.1％硫酸锰溶液 450～750 千克，视植株大小而定。若作物对锰的需要量较大，可连续喷 2～3 次，每次间隔 7～10 天。喷洒时间：大豆开花期；玉米拔节至抽穗期；小麦分蘖期。

（4）作基肥　各种可溶性锰肥如硫酸锰、氯化锰、碳酸锰、氧化锰，以及含锰矿渣均可作为基肥施用。施用锰肥时，最好与生理酸性肥料混合后条施或穴施，这样既可以施得比较均匀，又可以防止或减轻锰肥转化失效。小麦施硫酸锰一般用量为每公顷 7.5～15 千克。

锰肥肥效受土壤条件的影响很大，所以在缺锰地区锰肥的施法以拌种、浸种和根外追肥为好。碱性土壤中锰的有效性低；砂土（风砂土）有时容易出现缺锰现象。

六、铜肥

204. 铜有哪些作用？怎样施用铜肥？

铜是一些酶的组成部分，与叶绿素的合成和植物的呼吸作用有密切关系。缺铜时谷类作物的穗和芒发育不全，空秕粒多，产量下降。小麦和菠菜最容易缺铜，其次是马铃薯、甜菜、向日葵等。

硫酸铜是常用的铜肥，可以作基肥、种肥、追肥施用或进行种子处理和根外追肥。一般多进行种子处理和根外追肥。谷类作物浸种使用 0.1％～0.5％的硫酸铜溶液；拌种每千克玉米种子用 1.2 克硫酸铜；根外追肥使用 0.02％～0.05％的硫酸铜溶液，最好在溶液中加入少量熟石灰以避免药害。

除硫酸铜外还有硫铁矿渣，多作土壤施肥。

在低湿地和泥炭土、沼泽地上种植小麦和马铃薯，有时会发生缺铜现象。

205. 铜在土壤中以什么形态存在？怎样转化？

在土壤中的铜可分为作物可吸收利用的（包括水溶性盐及能转入稀酸中的代换性铜）与作物难以吸收利用的（包括难溶性铜以及铜的有机化合物）两大类。

它们在一定条件下互相转化。影响这种转化的主要因素为有机质、黏土矿物的性质、pH 值和氧化还原条件。

有机质多的泥炭土和沼泽土，铜与腐殖质形成稳定的络合物而有效性降低，这种土壤常会出现缺铜现象。土壤 pH 值对铜的固定也有很大的影响，pH＞4.5 时，铜以氢氧化铜、磷酸铜或碳酸铜的形态沉淀。淹水情况下，土壤还原条件增强，铜的有效性增加。

第五节　其他新型肥料

206. 什么是纳米增效肥料？怎样施用？

通过利用纳米材料（$1×10^{-9}$～$1×10^{-7}$米尺度范围内）具有的小尺寸效应、表面界面效应、量子尺寸效应和量子隧道效应等基本特性，将纳米材料按照一定比例添加到化学肥料中，一般利用纳米碳粉，添加 0.3% 左右，即为纳米增效肥料。纳米增效肥料可以大大提高植物吸收营养的能力，增强植物的光合作用，增加植物体内有效营养成分的含量，能有效提高肥料利用率，减少施肥量，实现提高作物产量、降低成本的效果。

纳米增效肥料的施用方法与普通化肥相同，在正常施肥量情况下可以适当减少施肥量。

207. 什么是缓释肥料？

缓释肥料又称缓效肥料，其肥料养分在土壤中的释放速度缓慢，是可以供作物持续吸收利用的肥料。

缓释肥料可以减少肥料养分特别是氮素在土壤中的损失；减少施肥作业次数，节省劳力和费用；避免发生由于过量施肥而引起的对种子或幼苗的伤害。

缓释肥料分三大类：①难溶于水的化合物，如磷酸镁铵等；②包膜或涂层肥料，如包硫尿素等；③载体缓释肥料，即肥料养分与天然或合成物质呈物理或化学键合的肥料。

缓释肥料主要是指氮肥，又称缓释氮肥。缓释氮肥的最重要特性是可以控制其释放速度，在施入土壤以后逐渐分解并为作物吸收利用，使肥料中的养分能满足作物整个生长期中各个生长阶段的不同需要，一次施用后，肥效可维持数月至一年以上。

缓释氮肥可分为四种类型：合成有机氮肥、包膜肥料、缓溶性无机肥料、以天然有机质为基体的各种氨化肥料。其中最主要的类型是合成有机氮肥和包膜肥料。合成有机氮肥的品种主要有：脲甲醛、亚异丁基二脲、亚丁烯基二脲、草酰胺等。包膜肥料主要品种有：硫黄包膜肥料、聚合物包膜肥料、石蜡包膜肥料、磷酸镁铵包膜肥料（如缓效碳酸氢铵）等。

208. 什么是控释肥料？

控释肥料中的养分可以按照作物的需肥规律进行释放，养分释放速度可以得到一定程度的控制以供作物持续吸收利用，主要通过包膜技术来控制养分的释放，达到安全、长效、高效等目的。

209. 什么是稀土？什么是农用稀土？

"稀土"与常见的铁、铝、铜一样，是一组典型的金属元素。它包括镧（La）、铈（Ce）、镨（Pr）、钕（Nd）、钷（Pm）、钐（Sm）、铕（Eu）、钆（Gd）、铽（Tb）、镝（Dy）、钬（Ho）、铒（Er）、铥（Tu）、镱（Yb）、镥（Lu）以及和它们性质相似的钪（Sc）、钇（Y）等 17 种元素。在一般稀土矿物中，都是好几种稀土元素共存，且其性质又很相似，如经分离则成本高，故常常使用它们的混合物，一般叫作混合稀土。

稀土研究是从 1794 年芬兰的加多林在瑞典的硅铍钇矿中发现钇开始的，通常把镧、铈、镨、钕、钐、铕称为轻稀土或铈组元素，把钆、铽、镝、钬、铒、铥、镱、镥和钇称为重稀土或钇组元素。

农用稀土是可溶于水的混合稀土的盐类，目前使用的多是硝酸稀土，主要是镧、铈、镨、钕等元素，有液体、结晶两种。因稀土肥料的施用量比常用的化肥少得多（按氧化物稀土含量计算，每公顷只用几十克到几百克，是常用化肥的千分之几到万分之几），所以人们把稀土肥料叫作稀土微量肥料，简称为稀土微肥。其使用方法多以叶面喷施和拌种为主。

210. 腐植酸类肥料对农作物的作用怎样？

草炭、褐煤中的腐植酸含量较高，褐煤的腐植酸含量为 31.7%～42.4%，草炭腐植酸含量为 30%～40%，是生产腐植酸类肥料的好原料。腐植酸由黑腐酸、棕腐酸、黄腐酸三组分组成，由于产地不同其组分差异较大，褐煤黑腐酸占总腐植酸的 76%～92.4%，棕腐酸占 5.7%~18.6%，黄腐酸占 1.2%~6.9%；草炭中的黑腐酸占腐植酸总量的 31.8%~84.5%，黄腐酸占 1.2%~6.9%，棕腐酸占 2%~15%。

腐植酸类在农业生产上的应用，一是将草炭或褐煤加碱处理后直接作为腐植酸肥料施入土壤，或者根据土壤、作物不同配合化肥施用效果更好。但如果草炭不经加碱处理直接投到田里，则需要的量大，且只能起到改良土壤的作用，腐植酸的优势发挥不出来。二是腐植酸商品化生产，将原材料进行提纯，把有用的部分提炼出来，对农作物进行叶面喷肥、浸根、拌种等应用。试验表明，将提纯的腐植酸分成三个组分及混合腐植酸浓度在十万分之五至万分之五对作物进行浸种、喷肥试验，对根长、株高都有较明显的促进作用，但不同组分之间对作物的生理活性影响差异不大。腐植酸能促进作物根系的生长发育，增强作物对养分和水分的吸收能力，促进作物体内代谢物质的合成与转化，提高作物的抗逆性，从而为作物早熟、高产奠定了基础。

第三章
主要作物施肥技术

第一节　水稻施肥技术

211. 水稻需要多少养分？在不同生育期分别需要多少？

分析结果证明，每 100 千克稻谷中含有氮素（N）1.4～2.0 千克、磷素（P_2O_5）0.6～0.9 千克、钾素（K_2O）0.3～1.8 千克；每 100 千克稻草中含有氮素 0.6 千克、磷素 0.1 千克、钾素 0.9～2.0 千克。各种养分含量不同的原因，主要是水稻品种的差异以及土壤类型、栽培方式、种植制度、气候类型等的不同。

水稻不同生育期对氮、磷、钾的吸收量是不同的。一般吸肥规律是：分蘖期以前水稻干物质积累不多，吸收养分也较少。这一时期吸收的养分占总吸收量的比例为：氮 1/3～1/2，磷 1/6～1/5，钾 1/5 左右。分蘖至抽穗期是水稻吸收养分最多的时期，这一时期所吸收的养分占整个生育期总吸收量的 50％以上。抽穗以后直至成熟吸收的养分占总吸收量的比例为：氮 1/6～1/5，磷 1/4～1/3，钾 1/6～1/4。

水稻对化肥，特别是对氮肥的反应非常强烈，这一现象不但可以用水稻的生物学特性来解释，而且也因为在淹水的条件下，好气细菌的活动受到抑制，土壤中的有机质难以矿化，也就是说，土壤有机成分中的氮很难转化成矿质态。此外，大部分养分（主要是土壤中的硝酸盐和一部分铵态氮）也会随排水和渗漏水流失。

在充分供应氮肥时，磷、钾肥的效果非常显著。磷、钾不足时，水稻延迟成熟，抗病力降低，根系发育不良，容易倒伏，另外，还使开花授粉不良，造成减产。

在保证肥料供应充足的同时，也要避免过量施肥。水稻氮肥施用过量时，叶片深绿、肥厚宽大，植株高大、柔软，茎、叶疯长，分蘖增多，叶片下披，通风透光不良，易诱发病虫害，甚至发生倒伏，另外易造成水稻贪青晚熟，空秕粒大量增多导致产量下降；水稻施磷过量时症状不明显，但无增产作用，往往会引起养分不平衡或引发缺锌而减产；水稻施钾过量时没有害处，但也无明显的增产效果。

212. 水稻合理施肥应该掌握哪些原则？

（1）有机肥与化肥配合施用　有机肥与化肥配合施用，不但能增加土壤中的有机质含量，而且对营养元素的循环和平衡也有重要意义，有机肥中含有多种有机酸、肽类以及包括氮、磷、钾在内的丰富的营养元素，不但能为农作物提供全面营养，而且肥效长，可增加和更新土壤有机质，促进微生物繁殖，改善土壤的理化性质和生物活性。施用有机肥料有助于保持水稻土中的氮素储量。有机肥料养分释放缓慢，而化学肥料是速效性的，养分供应快，两者配合施用，可使养分供应过程较为平稳。有机肥料中的有机酸和腐植酸能与土壤中的铁、铝络合，减少磷肥被土壤固定，提高有效磷量和磷肥在土壤中的移动性。

（2）氮、磷肥或氮、磷、钾肥配合施用　单施氮肥易使水稻贪青、倒伏、发生稻瘟病、空秕率高、千粒重低而影响产量。

（3）施量适宜，基肥、追肥配合施用　施肥量不是越高越增产，而是要用量适宜，配比合理才能高产。如在草甸黑土型水稻田进行的氮、磷、钾用量比例试验，施用氮135千克/公顷、磷67.5千克/公顷、钾33.75千克/公顷的产量最高，每公顷产稻谷7987.5千克，增产51.6%，而施用氮180千克/公顷、磷90千克/公顷、钾60千克/

公顷的施肥量高、成本高，但增产量低、纯效益低。在施用基肥的基础上，应根据稻苗长势适期、适量追肥，以满足水稻不同生育期的营养需要，促进水稻的健壮生长。追肥次数应当根据气候条件及苗情确定。

213. 水稻秧田怎样施肥？

移栽水稻生长初期主要是培育壮秧。秧田基肥一般宜用腐熟程度较好的有机肥料，目的是改善土壤结构，增加土壤透气性，以利发壮苗。为了培育壮秧，秧田基肥除施用有机肥料外，还应强调用磷肥作基肥，尤其是在低产稻区和由红黄壤发育的水稻土上更应采用这一经济合理的施肥措施。试验证明：磷肥用于秧田较施于本田的增产效果大，用作基肥又较用作追肥的增产效果显著，这是因为水稻生长早期，分蘖和根系的发育都需要丰富的磷素，早期满足磷的需要，对后期生长发育有良好的作用；相反，早期磷素不足，即使后期追补磷肥，也不能消除营养临界期缺磷所造成的不良影响。

水稻苗期对氮素营养的反应也很敏感。一般来说，秧田氮素追肥要抓两头，一头是水稻幼苗从胚乳营养转入土壤营养时，即三叶期前要施一次追肥，这时植株小、阳光足，追肥可以促进壮苗，培育出壮秧；另一头是在移栽前施一次起身肥，以利返青快和好拔秧，特别是早稻育秧，因气温低，早追肥可以培育出养分含量较高的秧苗，使移栽后能提早发根和发秧。晚稻秧苗，因气温高，生长快，如果基肥充足，前期追肥可少施或不施，做到"促""控"结合，既要避免秧苗长得过大，又要防止秧苗老化。总之，秧田追肥要掌握早施、施匀、勤施以及"先少后多""先淡后浓"的原则。

在水旱田轮作地区，为了获得壮秧，利用旱田育秧的方法，在早春把大量有机肥和磷、钾肥等化肥撒施地面，随后翻地 15 厘米，使肥料和全层土壤充分混合，然后播种并用喷壶喷水，保持湿润。每平方米施用磷(P_2O_5) 100 克、钾(K_2O) 50 克、氮(N) 50 克。

214. 双季稻施肥和单季稻施肥有何不同？

双季稻由于在本田的营养生长期短，只是单季稻营养生长期的 $1/6 \sim 1/3$，早稻的吸肥高峰也较单季集中和提前，而且高峰期的吸肥强度比单季稻同期要高得多。

因此，双季稻插秧后应早施分蘖肥，保证充足的氮素供应，要"轰"得起。这一时期的追肥对促进分蘖有明显的功效。但是，分蘖盛期如果氮素过多，会增加无效分蘖，病虫害发生严重，所以分蘖盛期要"控"、要"稳"得住。在缺磷的稻田，应注意增施磷肥，以防稻苗发僵，增加有效分蘖。

215. 水稻施肥和旱田作物施肥有哪些不同？

① 水田土壤在泡水的情况下，分为氧化层和还原层两层，由于氮素形态变化而发生的脱氮现象在旱田当中是不会发生的。也就是说，夏季水稻泡水后土壤表层有几毫米乃至 $1\sim2$ 厘米的氧化层，在这里有好气性微生物进行着分解和合成活动，而其下面的土层，即大部分的耕层土壤为还原层，在这里有嫌气性微生物在活动。在氧化层中铵态氮经受微生物的氧化作用变成亚硝酸或硝酸，这些氧化了的氮素大部分在氧化层和还原层接触面的地方立即被微生物作用生成分子态氮而从土壤中"跑掉"，所以水田施用氮肥必须深施到还原层中才能避免脱氮损失。

② 水田由于排水和水分渗漏，常使肥料随水流失，而在旱田肥料随水流失的现象则较少。

③ 旱田作物多数喜欢吸收硝酸态氮素，而水稻喜欢吸收铵态氮素。

④ 在目前的施肥水平下，只要氮磷钾比例适当，对旱田一般不会产生什么不良的影响。但在水田中，既要合理地进行氮、磷、钾搭配施用，还必须使用"促"和"控"相互结合的施肥技术，从而避免和防止无效分蘖或空壳秕粒等现象导致减产。

216. 水稻本田怎样施肥？

本田（插秧田）的施肥方法是有机肥在翻地前撒施，磷、钾肥基本上是施在水耙前。最复杂的问题是氮肥的施用方法，由于各地土壤、气候、作物品种和栽培方式不同，以及氮肥的用量、品种不同等原因，其施用方法也不同。不仅南、北方，就是同一个县、同一个乡也有不同，所谓因地制宜，主要是针对水田的氮肥施用方法。略举几种施肥的方式：

① 北方寒地水稻，由于生育期短，氮肥应以前期施用为主，磷、钾肥全部用作基肥施在水耙前。

② 有些漏水田或跑水田，由于养分损失严重，主张"少吃多餐，分次追肥"，即施接力肥、返青肥、分蘖肥、壮胎肥、穗肥、攻粒肥、灌浆肥等。

③ 近几年辽宁省改变了氮肥集中施在水稻生育前期的所谓施"大头肥"的做法，拿出氮肥量的四分之一作穗肥，施在抽穗前15～18天，比施"大头肥"增产10%，且增产效果稳定。增产的原因主要是在不增加施肥量的前提下，适当减少了前期施用量，控制营养体生长，后期施肥又增加了粒数和粒重。

④ 有些地方推荐球肥深追的做法，即将氮肥或加入磷、钾肥和填充物做成直径2厘米左右的球，插施在稻穴之间6～7厘米深的土层当中，每4穴施1球。

直播田有机肥和磷、钾肥都可在翻地或整地前撒施，经过翻耙充分混入耕层土中。直播田水稻在本田中的生育日数比插秧田长得多，所以必须追两次氮肥：第一次在分蘖始期，每公顷追氮肥75千克左右，促进分蘖，使茎秆基部变粗，获得大穗；第二次在分蘖末期至幼穗分化期，增加粒数。也可以用氨水代替其他固体氮肥，氨水追肥每次追150千克左右。追施氨水的方法以随水灌施效果好，追肥后水层深度应保持在8厘米左右，还应及时耘禾，增加土壤对氨的吸附，减少挥发损失，并使肥料分布均匀，容易发挥肥效。

217. 寒地水稻如何进行氮素管理？什么是前氮后移施肥法？

在高寒地区（黑龙江）种植水稻，氮素管理很重要。氮肥施用过多，经常出现稻瘟病、倒伏、空秕率高等情况，严重影响水稻产量；氮肥不足也影响水稻产量。寒地水稻氮素管理就是根据寒地水稻需肥规律进行氮素调控。以往研究表明，100千克稻谷籽粒吸氮量（N）1.4～2.0千克；东北农业大学在寒地水稻上进行的研究表明，100千克稻谷籽粒吸氮量（N）1.1～1.6千克，平均1.3千克。应用这一参数确定水稻9000千克/公顷施氮量为90～105千克/公顷，通过氮素调控，可以减少30%施氮量。

由于寒地水稻传统施肥中前期施氮量过大，造成水稻无效分蘖过多，营养生长期延长，使水稻贪青晚熟。在氮肥总量适宜的基础上，减少基蘖肥施氮量，增加穗肥施氮量，不但不会造成贪青晚熟，反而能使水稻提早成熟，这一方法称为前氮后移。利用这一方法，可以将基蘖肥减至60%～70%，穗肥增加到30%～40%。

218. 杂交水稻怎样施肥？

由于杂交水稻具有生长势强、分蘖力旺、穗大粒多的特点，因此在群体结构上既要争取足够的穗数，又要发挥穗大粒多的优势。杂交水稻每公顷栽插的基本苗数少，主要靠分蘖成穗，分蘖穗占总穗数的80%～90%。在培育分蘖壮秧、插足基本苗的前提下，正确处理分蘖优势与主穗优势的关系，管理上要以"早管促早发，争穗粒"为主攻方向，适当利用本田分蘖成穗。所以，在施肥上要重施基肥、早施追肥、看苗补肥，做到前期攻得起、中期经得住、后期不早衰。杂交水稻7500千克产量一般需纯氮150～187.5千克，注意增施磷、钾肥，基肥足，要以有机肥为主。第一次追肥要早，在插秧后5～7天进行，每公顷施尿素112.5～150千克，占追肥总量的60%；第二次追肥在插秧后15天左右，每公顷施尿素75千克，占追肥总量的30%左右。要求插后20天内够苗，使前期迅速搭起丰产禾架；中期禾苗长势正常可不施肥。地力差、禾苗长势较弱的田块，可补施一次穗肥，每公顷用尿素37.5～52.5千克。始穗至扬花期用磷酸二氢钾等进行1～2次叶面喷肥，可以提高结实率和千粒重。

219. 水稻怎样看地追肥？

根据土壤肥力和植株表现，可将土壤分为三种肥力型进行看地追肥。

（1）高肥力型　以黑土为代表，一般地势低洼冷凉，土质黏重，水稻前期不发苗。应以分蘖肥为主，在分蘖始期一次追肥，促进分蘖早生快发，控制后期生长，适期早熟。

（2）低肥力型　以黄砂土为代表，地势高，土质疏松，水稻前期生长旺盛，中期缓慢。应多追氮肥：第一次在分蘖始期，每公顷追氮素37.5千克；第二次在幼穗分化期，每公顷追氮素37.5～45千克，促使水稻长势繁茂，株壮穗大。

（3）中间型　以黑黄土为代表，地势和土质介于前两者之间，水稻前期生长发育迟缓。应采取前促后攻、两次追肥的方法：第一次于分蘖期，每公顷追氮素 37.5 千克；第二次于幼穗分化期，每公顷追氮素 22.5 千克。

220．水稻直播田怎样用氨水追肥？

直播田用氨水作追肥，一般每公顷用量 150～300 千克，用量超过 300 千克的分两次施用。

氨水追肥时期应比追施硝酸铵提前 3～5 天。其追肥方法有两种：一种是行间追肥法，用背负式行间追肥器，氨水桶上有 4～6 个出水口，用 4 根或 6 根胶管连在出水口，用木棍支起来，隔一行追一行，追肥时田面必须保持有 6 厘米左右深的水层，水层过浅施肥不易均匀，同时易引起烧苗；另一种是顺水流灌法，按每公顷施用量把氨水装入坛子内，放置于离稻田进水口稍远一点的地方，用胶管把氨水引出来，胶管头插入水中，氨水即可顺水流入田间。这种方法只适于在小面积的田面平整的地块使用，为了防止面积大的地块施肥不均，施肥时要设法让水的流速加快一些，施完后要用水冲灌一下，以避免进水口处因养分过浓而伤苗。

221．水稻怎样施用尿素？

（1）基肥深施　在秋翻前或春翻前，把尿素均匀撒施于田面翻入土壤。基肥由于施得深、肥效长，数量不宜过多，以免后期贪青倒伏，一般以每公顷施 112.5～150 千克为宜。在冷凉低洼地应少施，砂土和瘠薄地可以多施。

（2）全层施肥　在水耙前撒施尿素，然后耙地入土，使肥料与土壤充分混合。

砂土地要在秋翻、春翻或水耙前施过底肥的基础上，于水稻返青期或分蘖期再每公顷追施尿素 75～112.5 千克。追肥要与中耕结合，使肥料尽可能混入土壤。

追肥时间不宜太晚，以防后期生长过于繁茂而贪青倒伏。一般在 6 月下旬前施完，最晚不能晚于 7 月 5 日。

（3）根外追肥　在扬花期至灌浆初期，用1%～2%的尿素水溶液喷于叶面，每公顷喷肥液600～750千克，可以减少空秕率，增加千粒重。

直播田多强调"苗肥足、穗肥够、粒肥补"的原则。一般来说，将计划尿素施肥量的30%和全部磷、钾肥作基肥，氮肥的50%～60%作苗期追肥，10%～20%视气候和苗情作穗肥追肥。

222. 水稻深层施肥有哪些方法？

水稻深层施肥，是指将化肥施入土壤深层（还原层）的施肥方法。具体方法如下：

（1）耕田深施（耕田在北方叫整地）　在最后一次耕田时，尽量放浅水层，边施肥边耕田，通过耕田将肥料深施到6～10厘米以下的还原层中，然后灌水耙田，使肥料与土壤充分混合，做到土肥相融，形成肥沃的耕作层，可减少硝化、反硝化造成的氮素损失，达到保肥的目的。

（2）球肥深施　施用时期，早稻以插秧后1天内为好。作穗肥应在幼穗分化前5～10天施下，不宜再晚。单季晚稻生育期长，多种在瘦地上，球肥可施两次，分别在插秧后15天和40～50天，施肥深度一般以6～10厘米深为宜。株行距12～20厘米密度的稻田，以每四穴一球或两穴一球为好。球肥深施由于氮肥的利用率有所提高，所以施肥量应比表层撒施减少1/3左右。

（3）踩田深施　化肥撒施追肥，必须结合中耕踩田深施。中耕追肥前，将水层放浅，然后将化肥均匀撒施在田面上，立即中耕踩田，通过踩田，使部分肥料进入土中，肥土融合，加速土壤对肥料的吸收，降低损失，提高施肥效果。

（4）侧深施肥法　水稻插秧的同时，将肥料施于秧苗一侧土壤。水稻的高产稳产，重要的是促进前期营养生长，确保充足的茎数，用侧深施肥法可以解决地凉、稻草还田造成的初期生长发育营养不足的问题。此法可促进水稻早期生长发育，最适合寒地水稻栽培。

223. 水稻直播田和插秧田的施肥有什么不同？

根据黑龙江省各地经验，直播田水稻主要施用硝酸铵、氨水和尿素作追肥，而插秧田可以用一部分作基肥，一部分作追肥。

直播田追肥的施肥量，一次追肥的，每公顷施氮素 60～75 千克；分两次追肥的，第一次追 2/3，第二次追 1/3。追肥时间，一次追肥的，在分蘖期施用；分两次追肥的，第一次在稻苗露出水面照垄的时候，结合中耕除草追肥，第二次在 6 月末，结合二遍中耕除草追肥。追肥的方法，目前主要是撒施，就是抓小把扬"扇子面"形，把化肥均匀地扬在地里。追肥的时候，要分区划片，固定专人，以免撒得不均匀，发生重施或漏施。施肥前田里水要排浅，留 3～4 厘米左右的水层，并要把上下水口堵好，不让田里的水流动。田水如果过浅，容易烧苗，而水层过深，养分又容易流失。追肥后要经 3～4 天，待养分被土壤和稻苗吸收以后再灌水。水源不足的地块，也可以不放水施肥，但是施肥以后，在 6～7 天内不要排水，以免养分流失。

插秧田追肥一般在稻苗返青后进行，每公顷施氮素 52.5～60 千克，根据实际情况，分两次追肥比较合适。追肥方法与直播田相同，有的地区在插秧田里施"迎亲肥"，即在插秧前三四天结合耙地施肥，每公顷用氮素 22.5～30 千克，以利秧苗返青。

224．水稻叶面施肥用什么肥料好？

在水稻生长后期根部吸收养分能力减弱的情况下进行叶面施肥，能及时补充所需营养元素，改善作物自身微循环，促进根系生长发育，提高作物对养分和水分的吸收能力，增强光合作用，促进蛋白质和叶绿素的合成。

尿素是中性肥料，电离度小，扩散性大，易被水稻茎叶吸收，特别适用于叶面施肥。经测定：用尿素叶面施肥后 30 分钟，叶片的叶绿素含量即有增加，5 小时后尿素可被吸收 40%～50%，最终吸收率可达 90% 左右。在水稻齐穗至灌浆期进行叶面施肥，能延长生育后期功能叶片的成活率，加速籽粒的灌浆速度，减少空秕率，千粒重可提高 0.1～0.6 克。尿素作叶面施肥的浓度以 1.5%～2.0% 为宜。

为了提高叶面施磷肥的效果，宜将溶液调到酸性，因介质呈酸性反应时，有利于叶部对离子的吸收。水稻叶面施用过磷酸钙的浓度为 0.1%～0.2%，磷酸二氢钾的浓度为 0.2%。

叶面施肥时，为了更好地发挥效果，喷施时间宜选择在无风天、阴天，或在湿度较大、蒸发量较小的上午 9 时前或下午 4 时以后。

225. 北方水稻怎样进行追肥？

在施用基肥的基础上，要适期、适量追施氮肥，以满足水稻不同生育期的营养需要，促进水稻的健壮生长。

（1）分蘖肥　为了促进分蘖早生快发，提高分蘖成穗率，在耙地前基肥未施氮肥的，应早施分蘖肥，就是在水稻秧缓苗后的返青期追施氮肥，施用氮肥的数量为施氮总量的 20%～30%。

（2）穗肥　施用穗肥，既可促使颖花数量增多，又可防止颖花退化。在高产栽培中，基肥、分蘖肥充足的，一般不应在穗分化开始时施肥，应控制这一时期对氮的过多吸收。在抽穗前 15～18 天施用氮肥较为适宜，对提高结实率和千粒重都有好处。施肥量不宜超过氮肥总用量的 20%。对于耐肥抗倒伏性强、上位叶片和穗短而直的品种，适量施用还是有利的。对过于繁茂或有发生稻瘟病危险的稻田则不宜再施穗肥。

（3）粒肥　对叶色黄、植株含氮量偏低（1.2% 以下）、土壤肥力后劲不足的稻田，要酌情施用氮肥。粒肥有延缓抽穗后叶面积下降及提高叶片光合能力的作用，可减少秕粒，增加粒重，防止根叶早衰，使籽粒饱满。但粒肥施用不当时，氮素浓度过高，增加碳水化合物的消耗，引起贪青晚熟，空秕率增加，千粒重下降，且易产生病虫害。对于晚熟品种，后期有早衰现象的稻田以及沙壤土易脱肥的稻田宜追施粒肥。

对于安全抽穗期前抽穗的水稻才能施用粒肥，施肥量一般应控制在每公顷施尿素 30～45 千克、硝酸铵 37.5～52.5 千克或碳酸氢铵 60～90 千克。施肥时期应在齐穗期至抽穗后 10 天内。

226. 水稻怎样进行合理施肥？

水稻一生中对氮、磷、钾的吸收数量和比例因品种、土壤、气候以及耕作、施肥等情况的不同而有所差别。一般每生产稻谷和稻草各 100 千克，需要吸收氮（N）1.5～1.9 千克、磷（P_2O_5）0.8～1.0 千克、钾（K_2O）1.8～3.8 千克，三者的比例大致是 2：1：3。

研究表明，双季早、晚稻由于生育期短，移栽后 2～3 周内会形成一个突出的吸肥高峰；单季稻生育期长，分别于分蘖盛期和幼穗分化期有两个吸肥高峰。

(1)"前促"施肥法 "前促"以增穗作为主攻目标，将全部肥料施于水稻生长前期，重施基肥、早施分蘖肥。一般是在施用有机肥和磷、钾肥的基础上，结合整地将 2/3 的氮肥用作基肥施用，其余1/3 的氮肥，在水稻移栽后 5～7 天内作追肥施用，也有将全部氮肥集中于一次全层基施。对于双季早、晚稻和单季稻的早熟品种，当稻田保水保肥性能好时，适宜采用"前促"施肥法。

(2)"前促、中控、后保"施肥法 这种施肥法增穗、增粒、增重三者同时兼顾。其主要特点是在施用有机肥和磷、钾肥作基肥的基础上，用约 2/3 的氮肥作为分蘖肥，确保一定的穗数。当总茎数达到40 万～50 万时，通过晒田抑制无效分蘖，避免过早封行，争取壮秆大穗。其余 1/3 的氮肥在花粉母细胞减数分裂后，约在主茎剑叶露出时作追肥施用，以提高结实率和增加千粒重。

施肥一定要做到：前期轰得起、攻而不过头、早发争多穗；中期控得住、控而不脱肥、壮秆攻大穗；后期保得住、保而不贪青、活熟争粒重。这种施肥方法适用于施肥水平较高、生育期较长、分蘖穗比重大的杂交水稻。

(3)"攻中、稳前后"施肥法 这种施肥法是在栽足基本苗的前提下，不要求过多的分蘖，而着眼依靠主穗，争取穗大粒多。要求达到：前期稳长、中期不疯长、后期不早衰。做法是：将 30％左右的氮肥作基肥或分蘖肥，50％的氮肥作为穗肥，在水稻的穗分化初期施用，其余的 20％氮肥作保花肥（攻粒肥），在抽穗前 5～7 天施用。必须指出，"攻中"应当在施肥水平低或前期群体发展平稳时采用。在施肥总量较高，以及每公顷茎数在 675 万以上、功能叶片含氮量超过 4.3％时，不宜采用攻穗肥。

227. 稻田土壤的硝化作用是怎么回事？和施用氮肥有什么关系？

土壤中含有的动植物残骸，在通气较好的条件下，通过微生物作用，释放出氨，这些氨除一部分被稻苗和微生物直接利用外，大部分在亚硝酸细菌、硝酸细菌作用下，氧化为硝酸和亚硝酸，形成硝酸态氮，这种作用称为硝化作用。

硝酸态氮也是水稻可利用的氮素形态。另外由于硝酸的形成，还有助于土壤中磷素的吸收和利用。为此在水稻栽培中，要设法提高土壤透性，加强微生物活动，给硝化作用创造条件，加快有机质分解，满足水稻对养分的需要。

稻田土壤在灌水条件下，表面是氧化层，其下为还原层，如施用氮素化肥，又极易把铵态氮氧化为不易被土壤吸附的硝酸态氮，然后随水下渗到还原层发生反硝化作用以致损失肥效。根据这个道理，在施用氮素化肥时，直接施到还原层的损失少，氮的利用率高。

228. 怎样通过施肥培育秧田？

培育秧田是促进壮苗生长发育的主要措施。培育大秧应有计划地建立永久性秧田，增施基肥，培育床土。不施基肥，苗黄不壮，返青慢。根据各地经验，每公顷施优质有机肥料 37500～52500 千克、过磷酸钙 375～450 千克作基肥，或采用肥沃泡子泥等覆盖床面，可使床土松软，改善土壤结构，为秧苗创造良好的水、肥、气、热的环境条件。在施足优质基肥的基础上，不提倡用氮肥作基肥，因为氮肥过多，地上部易徒长，根部发育较差，抗逆力弱。但在基肥不足、质量又较差的条件下，适当用些，以补充氮素的不足，效果也很好。但要掌握好用量，硝酸铵以每平方米 25 克左右为宜。

229. 氮素化肥如何在水田施用？

（1）铵态氮肥　铵态氮肥中的氮素形态为铵，铵易被土壤吸收。由于铵与各种阴离子结合能力不同，氮素的稳定性也不同。如氯化铵、硫酸铵结合能力较强；相反，氨水、碳酸氢铵结合能力弱、易挥发，但施后肥效反应快。

氨水也叫氢氧化铵，是氨溶解在水中而成的，是一种液态氮肥，含氨量一般为 12.4％～16.5％。在常温常压下，氨水易分解跑氨。根据氨水为液态又易挥发的特性，一次每公顷以施 75～112.5 千克为宜，过多，则损失量大，易伤苗。施前排浅水层，然后把氨水溶于渠道流入格田，施后立即中耕，使其在田间分布均匀，并能减少损失。

碳酸氢铵含氮 17％左右。由于碳酸氢铵结合力弱，接触空气易吸湿潮解，并分解为氨气、二氧化碳和水，如进行深层或全层施肥可以减少损失，较表层施肥增产10%～15%。

氯化铵和硫酸铵分别含氮25%和21%，化学性状较稳定，但不要与石灰和草木灰等碱性肥料混用，深施增产效果好。硫酸铵是生理酸性肥料，若长期施用，土壤酸性增大，易引起板结；同时在淹水条件下，易产生硫化氢，影响水稻正常生长发育。

(2) 硝酸态氮肥　硝酸铵、硝酸钠、硝酸钙、硝酸铵钙属于这类氮肥。其中硝酸铵的含氮量为34%。硝酸铵容易吸湿和结块，施入水田后易随水流失，在稻田中应用很不经济。洼地透水性差，最好也要深施。如果稻田透水性强，在水稻需肥较多的时期施用时，施用量不要过大，并要浅水施肥，施后立即中耕，也可以维持一定的肥效。

(3) 尿素肥料　尿素属于酰胺态氮肥，在土壤中经酶分解成碳酸铵才能被作物吸收利用。但是碳酸铵的稳定性很差。尿素按硝酸铵的方法撒施，易氨化损失，同时，尿素态氮在没有转化以前，又易随水流失，利用率只有30%～40%。因此，稻田施用尿素应采用以下方法：

① 深层施肥　在秋翻前或春翻前把尿素均匀地撒施到田面后翻入土层。据试验，深层施肥比水耙前混施增产10%以上。深层施肥的施肥量不宜过多，以免后期贪青倒伏，一般每公顷施尿素以120～150千克为宜。在冷凉低洼地应少施，砂土和瘠薄地应多施。

② 追肥　在尿素作基肥的基础上，于水稻返青期或分蘖期追施尿素75～120千克。追肥时要与中耕结合，使更多的肥料混入土壤中。追肥时间不要太晚，以免后期过于繁茂而贪青倒伏。

③ 根外追肥　在扬花期至灌浆初期，用1%～2%的尿素溶液，每公顷喷施750千克左右，可以减少空秕率、增加千粒重，最高可增产10%左右。

230. 怎样提高水稻对氮素化肥的利用率？

据研究，如果施肥技术好，每千克氮素可增产稻谷10千克左右，但现行的施肥法一般只增产4～6千克，也就是说肥料损失40%～60%，利用率只50%左右。损失的途径为：

(1) 挥发　比如碳酸氢铵在常温下就极易分解；尿素在转化后挥

发损失也相当严重。温度高、湿度适宜时，分解速度更快。

（2）流失　氮肥多为水溶性，施入水田后立即溶解，施肥后如排水不当，养分便随水流失。

（3）淋失和脱氮　硝酸态氮肥或铵态氮肥施入水田氧化层，由于硝化作用变成不易被土壤吸收的硝酸态氮，就随水淋溶到下层土壤，随后又被反硝化作用还原成氮气或氧化亚氮和一氧化氮气体而散失。

针对上述损失途径，首先要防止氮肥在施用前的挥发损失。非挥发性氮肥也要防止吸湿潮解。氮肥深施，把肥料施于还原层，以减弱肥料的硝化和反硝化作用，这是提高氮肥利用率最有效的方法。深施的方法很多，可以于春翻春耙前撒施，秋翻前撒施后翻地入土，没来得及结合翻地施肥的，可于水耙前施，施肥后耙地，但 5 日内不要排水。

施用缓释氮肥也可有效提高水稻氮肥利用率。缓释氮肥是将普通尿素经包膜处理，使氮素养分在一定的时间内均匀释放，满足作物需求，减少氮素养分挥发，是提高肥料利用率、节约劳动力的新型肥料。

化肥配施有机肥，有机肥一般按纯氮量的 25％～30％替代化肥，增产增效作用显著。

231. 怎样确定直播稻田的施肥原则？

首先，要依不同品种的耐肥力和抗病能力决定施肥。耐肥力和抗病力强的品种，每公顷施尿素 187.5～225 千克，一般品种 112.5～150 千克。

其次，要根据水稻需肥规律施肥。水稻各生育时期对氮、磷、钾的吸收情况也有很大差别。据研究，播种到分蘖高峰期，吸收氮的量占全生育期氮吸收总量的 80％，磷占 41％，钾占 41％；穗分化到抽穗开花期的吸收量，氮为 11％，磷为 26％，钾为 59％；抽穗到成熟期的吸收量，氮为 9.6％，磷为 32.5％。因此应重施基肥、早施追肥。

再次，应根据土壤肥力变化动态施肥，如播后气温、水温低，土壤固有营养释放量少，有效态氮素含量低，直到 7 月上旬形成高峰，以后随气温下降又趋降低，显然与上述需肥规律矛盾。所以北方稻田特别是直播田，必须强调"苗肥足、穗肥多、粒肥补"的原则。根据大面积高产经验，应将全年氮素化肥施肥量的 30% 和磷、钾肥的全部作基肥，其余的氮肥 50%～60% 作苗肥，10%～20% 视天气和苗情施穗肥。

232. 怎样用好水稻球肥？

北方稻田使用的球肥是用黑黏土加氮、磷肥混合成制成的，直径 2 厘米，重 5～7 克左右，一般插于土层 6 厘米深处，将肥料置于水田还原层。这种施肥法减少了养分损失，延长了肥效，提高了化肥利用率，同时肥料处于水稻根系密集层，利于吸收。据黑龙江省各地试验，球肥深施比等量粉状肥料表施肥效延长 20 天以上，一般增产 12%～13%。1 千克碳酸氢铵可增产水稻 2.5～4.0 千克，1 千克尿素可增产水稻 4～8 千克。

多数是用氮肥制作球肥，配料为每公顷用硝酸铵 225 千克或碳酸氢铵 300 千克，加黑黏土 450 千克，或者尿素 112.5～150 千克加入黑黏土 450～675 千克，在缺磷土壤上再加 75 千克过磷酸钙。

球肥用于插秧田时，要在插秧后 2～7 天内插施，田面保持花达水，每 4 穴插 1 球。用于直播田时，在水稻分蘖期每 20 厘米插一球，插球深度 6 厘米左右。一般用人工插施，也可用施肥机插施。

由于球肥深施的保肥性强、肥效期长，如施用不当易造成贪青晚熟，导致减产。因此球肥应选择在壤土、沙壤土、砂土和其他排水良好的土壤上施用，在低洼冷凉、排水不良的地块上施用必须减少氮肥数量，增加磷肥。另外应在中早熟品种上施用。球肥最好施于早插早播地块，晚播或晚插秧地块不宜施用，必须施时要注意用量。

233. 防御水稻冷害应采用什么样的施肥技术？

水稻在营养生长期有较大可塑性，实行科学施肥，使营养体早期生长旺盛，既可达到计划的群体数量，又能保证及时转入生殖生长，是防御水稻冷害、提高产量的技术关键。

（1）控制氮肥的施用　在前期水稻生长阶段，氮肥用量过多会加快水稻的生长速度，造成茎叶幼嫩，含水量高，容易受冷，不抗冻，所以前期要控制氮肥用量，施氮时期要后移。北方寒地稻作区冷害年份，通常应将氮肥总量减少 20%～30%，余量中的 70%～80% 用作基肥和分蘖肥，20%～30% 在抽穗前 10～20 天作穗肥，如果预计抽穗提早、气温又较高，可在抽穗前 10 天施用，长相不足、后期有脱肥趋向的，可提早在抽穗前 15～20 天施用；天气不好时则不能施用。

（2）增施磷、钾肥 磷能提高水稻体内可溶性糖的含量，提高水稻的抗寒能力和促进早熟。低温冷害年份，尤其是在生育前期，由于温度低，土壤中有效磷的溶解释放量少，阻碍了水稻对磷的吸收，必须增施一定量的磷肥补充土壤中磷的不足，以提高水稻的抗寒能力。由于磷肥在土壤中的移动性小，不易淋失，磷肥应当作基肥一次施入到根系密集的土层中。钾肥亦作基肥施入，也可部分在追肥中施入，更利于水稻植株健壮，提高抗寒和抗病能力。

（3）重视有机肥的施入 腐熟的有机肥有利于根层土壤的保温和促进水稻根系的发育，利于壮苗，提高稻株的抗寒、抗病性能。在有机肥中，如施用草木灰或秸秆还田，不仅有利于土层保温，还可供应钾素营养，有利于稻株健壮和提高水稻抗逆性。

234. 北方直播水稻怎样合理施肥？

由于北方水稻生育前期气温偏低，土壤有机质分解缓慢，有效养分供应强度低，以及直播水稻分蘖早、根浅、苗期生长快等特点，在施肥技术上应以促分蘖、保证中后期生长、增加穗粒数为重点，采取有机肥与化肥相结合、基肥与追肥相结合、全层施肥与表层施肥相结合、大量元素与微量元素相结合的施用方法，以适应直播水稻高产优质的需要。

黑龙江省目前直播水稻田各期用氮比例，一般基肥占 40%、分蘖肥占 30%、穗肥占 20%、粒肥占 10%。基本施肥方法是：攻前保后、主攻穗数，争取粒数与粒重。有机肥在翻地前施用，翻埋于耕层中。腐熟良好的堆厩肥，可与作基肥的化肥混拌均匀，在稻田基本整平、最后一次耙地前施于地表，结合耙地耙入耕层内，作全层基肥施用。磷肥全部作基肥施用，钾肥主要作基肥，部分可作穗肥追施。

追肥是按以叶龄为指标的施肥方法，便于掌握追肥时期，易于充分发挥肥效。分蘖肥在 4～5 叶期施用，穗肥在剑叶下 1 叶抽出一半时（约在出穗前 15～20 天）施用，粒肥在抽穗期或齐穗期施用。

各期追肥均须看苗施用，做到"绿中有黄、黄中补，高中有矮、矮中施"，以调节水稻生育进程和长相。穗肥和粒肥要根据当地气温、水稻长势、长相、有无病害、底叶及根系生长状况，确定施肥与用量多少。

235．盐碱地水稻怎样施用氮肥？

（1）施肥方法　在苏打盐渍型水稻土上条状深层集中施（简称深集施肥法）的效果比表面撒施和全层施肥法增产效果好。苏打盐渍型水稻土施用氮肥，以用生理酸性的硫酸铵深层集中施用的方法最好，其次是尿素深层集中施，这两种方法是盐碱地水稻增产的有效施肥方法。

（2）施用时期和用量　苏打盐渍型水稻土施用氮素化肥时期和用量，依据水稻需肥规律而定：一是插秧后返青、分蘖至拔节期，是水稻生长发育需氮素高峰期，约占吸收氮素总量的 50％左右。为此，氮素总量的 2/3 作基肥施用，以促进苗齐苗壮，增加有效分蘖率。基肥如用尿素，可与过磷酸钙混施，施后必须及时灌水泡田，7 天后换水，可减少氮素流失和挥发损失。如用硫酸铵，一般泡田 5 天后可换水移栽秧苗，追肥可采取深层集中施肥法。二是拔节到孕穗期，一般吸收氮量约占吸收氮素总量的 35.6％。

苏打盐渍土肥力属于中低水平，有机质含量 2％～3％，全氮 0.2％，全钾 1％～3％，全磷 0.1％。为了增加穗数、穗大粒多，仍需追穗肥。孕穗期至抽穗期吸收氮量约占吸收氮素总量的 9.5％，为了提高结实率、增加千粒重，需要补追氮肥。

（3）增施有机肥　有机肥含有大量有机质，有利于生根保苗。有机质在分解过程中会产生大量有机酸，一方面可以提高土壤的缓冲能力，降低土壤碱性；另一方面可加速养分分解，促进养分转化，提高养分的有效性。条件具备的地方可以大量采用秸秆还田，减轻盐碱对作物的危害。

236．盐碱地水稻怎样施用磷、钾肥？

（1）磷肥的施用　在盐碱地上种植水稻，施肥方法、时期、用量和磷肥品种的选择非常重要。一般是春整地时将磷肥一次施入，做到全层施肥。盐碱地水稻土中含磷量较低，因而施磷量应随土壤碱度的加大而增加。根据试验，在黏壤质渗水性较差的轻度盐渍型水稻土上，淹灌后土壤 pH 值为 7.5 时，每公顷施用过磷酸钙 450 千克（P_2O_5 67.5 千克），每公顷产稻谷 6750 千克。过磷酸钙含有 70%～80% 的硫酸钙（石膏），具有改良苏打盐渍土的作用，可降低土壤碱度，有利于提高氮、磷有效性和利用率，因而在苏打盐渍型水稻土上施用过磷酸钙作基肥，有其独特的作用。

（2）钾肥的施用　水稻在生育前期需钾量高，土壤对钾的吸收能力强，被土壤胶体吸附的钾离子随着淹水时间的延长还会被水稻生育中后期利用，一次施用后，可以较长期供水稻吸收利用。盐碱土壤含氯较多，因此不宜施用含氯肥料，如氯化钾等。施钾肥一定要与磷肥混合施用。在碱性强、可给态钾缺少的盐渍型水稻土田块，施硫酸钾对水稻增产效果最佳，它能降低 pH 值并有促进水稻对营养元素吸收的作用。

237. 抛秧种稻怎样合理施肥？

（1）育秧田施肥技术　用育秧盘育苗，盘中装土约 2.0～2.5 千克。施氮、磷、钾肥按纯元素量各为 1 克作基肥。待秧苗长到 2～3 叶期时，每盘可追施硫酸铵 5 克，或硝酸铵 3 克，用水稀释 100 倍，用喷壶浇施，追肥后再用清水浇洗 1 次。

（2）本田施肥技术　本田施肥应做到有机肥与化肥配合施用，以基肥为主、追肥为辅，要掌握因土施肥的原则。沿江低洼地和山区涝洼地，土壤有机质含量较多，但熟化程度差，要适量施用氮肥，多施磷、钾肥，以防贪青倒伏发生稻瘟病。氮磷钾比例应以 1：0.9：0.7 为宜，即每公顷施氮肥 75～97.5 千克、磷肥 67.5～112.5 千克、钾肥 52.5～90 千克。

在土壤有机质多、有机质熟化程度高和土壤肥力较高的稻田上，氮、磷肥的用量要适中，一般应多施钾肥。氮磷钾比例以 1：0.7：（0.5～0.7）为宜，即每公顷施氮肥 90～112.5 千克、磷肥 60～75 千克、钾肥 52.5～75 千克。氮肥应以 40%～60% 作基肥，其余作追肥施用。

土层较薄、有机质含量少、肥力又差的稻田，应多施氮肥，适当施用磷、钾肥。氮磷钾比例应以 1∶0.8∶0.5 为宜，即每公顷施氮肥 90～150 千克、磷肥 75～135 千克、钾肥 30～52.5 千克。氮肥以 40％～60％作基肥，其余氮肥作分蘖肥和穗肥施用。

　　为促进发苗，磷肥要全部作基肥，氮肥以 50％～70％作基肥，余下的作追肥。钾肥可分两次施用，即 70％作基肥，30％于幼穗分化期作穗肥施用。

238. 水稻旱育秧田怎样施肥？

　　（1）良好的氮素营养条件是培育壮秧的基础　水稻旱育秧是在早春低温条件下进行的。由于温度低，根系对矿物质营养的吸收能力弱，幼苗生长受到影响。

　　稻谷籽粒中的含氮率不到 1.7％，远不能满足培育壮秧的要求，必须依赖外界的氮素供应。在土壤氮素充足的条件下，幼苗吸入的氮素多，胚乳的消耗加快，幼苗干重超过了原来种子干重的"超重期"提早，这是幼苗叶片同化和根的呼吸功能良好与秧苗生长健壮的一个标志。但氮素施用过多，也会使秧苗生长软弱，抗逆能力降低。秧苗根系对氮素浓度的适应能力一般与秧龄大小呈正比例。如果生育初期秧苗吸氮过多，会过分地促进地上部生长，影响根系活力，并使碳氮比降低，从而削弱秧苗素质，降低抗逆性。

　　（2）增加磷钾比例是旱育秧的重要措施　秧苗生长初期适当控制氮肥用量，增加磷、钾肥比例，对培育壮秧和提高秧苗的抗寒性有较好的作用。在连年施用有机肥的田块，应结合整地，使氮素化肥分布于秧苗根系所及的全层土中，而把磷、钾肥集中施于浅层。这是由于磷在土壤中移动较慢，幼苗期间的根系分布又较浅，故应集中施在浅层。

　　磷肥具有促进根系生长和提高秧苗抗逆性的作用，尤其是低温年份，磷肥的作用更大。

　　（3）秧田施足有机肥料、培肥地力极为重要　早春育秧由于温度低，肥料的分解和吸收缓慢，故需增施腐熟有机肥，以改善床土理化性质。一般每平方米需施山地腐植土 15～20 千克，或草木灰 5～10 千克以及腐熟猪粪 10 千克，施硫酸铵 50 克、磷酸二铵

100 克、硫酸钾 50 克，均匀施入表土 10 厘米土层中。

239. 水稻旱作怎样施肥？

水稻旱作施肥技术，可分为基肥、种肥和追肥三种。

(1) 基肥　水稻旱作的根系向土壤深处生长，故施用基肥尤为重要。在翻地前，应将充分腐熟的优质有机肥均匀撒在地表，翻地时把有机肥翻压在土层中。在每公顷施用 22500～30000 千克有机肥的基础上，化肥施用比例应为氮磷 1∶1 或氮磷钾 1∶1∶0.5，即每公顷施用磷酸二铵 105～195 千克加硫酸钾 45～75 千克作基肥，氮肥最好作追肥用。

(2) 种肥　整地时未施基肥的，可将基肥的全部或一部分随着播种作种肥用。平播和垄上耕种时，应于开沟后、播种前将肥料施入沟内。应先滤施化肥后再滤施有机肥。单用化肥作种肥，特别是施用尿素时，一定要深开沟，把化肥滤在沟底，肥上盖一层土再播种，以防烧苗和伤芽。

(3) 追肥　水稻旱作前期生长发育较缓慢，一定要重视早期追肥。可在稻苗 3～4 叶期追一次肥，并于孕穗期再追一次肥。一般第一次追肥每公顷施尿素 105～150 千克，第二次追肥每公顷施尿素 45～75 千克。

追肥方法：平播地块，应在行间用小尖镐开沟，深 10 厘米左右，将化肥施入沟内，盖土，保证肥料的有效利用；垄作地块，可在垄帮开沟追肥，一般用小尖镐钩成浅沟，将化肥滤在沟底，随即盖上土。

240. 水稻的氮肥利用率是多少？

根据中国农科院等五个单位应用 ^{15}N 同位素测定，水稻氮素化肥的利用率，硫酸铵为 45.4％、尿素为 34.8％、碳酸氢铵为 26.8％。利用率低的原因是由于氮素化肥施入稻田，在淹水土壤中经化学变化和生物转化过程，有的被水稻吸收，有的残留在土壤中，有的转化损失。

施入土壤中的氮素的去向可分水稻吸收、土壤残留、转化损失三部分。氮肥在稻田中的损失主要是硝化和反硝化过程以及氨的挥发等。氮肥在稻田的反硝化过程中，氮素损失约 10％～15％，最高可达 20％左右。铵态氮肥施用不当时，氨的挥发损失可达 15％～50％。稻田中的氮还会随水流失，稻田施入化学氮肥，如尿素，经过两三天水解后才能转化成铵而被水稻或土壤胶体所吸收，若 24 小时内排水，可损失氮素 10％～20％，尿素的损失大于硫酸铵和碳酸铵。铵态氮在渗漏水中的淋失量很微小，一般仅为 0.09％～1.7％。残留在土壤中的氮素除被土壤胶体吸附外，还有 10％左右被黏土矿物固定而难以释放。

有机肥料中氮肥的利用率不同。由于各种有机肥料碳氮比例和腐烂分解速度不同，氮素利用率也不同，一般堆沤肥的氮素利用率为 15％～20％。

241. 水稻的磷肥利用率是多少？

磷肥利用率与氮肥、钾肥比较起来低得多。根据全国各省（市）849 个试验结果统计，水稻磷肥利用率为 8％～20％。稻田在淹水条件下，土壤有效磷含量显著高于旱田，大多数土壤有效磷是随着淹水时间的延长而提高的。一般磷肥施入土壤后，很快和土壤中的铁、钙、铝等结合成难溶性的化合物，即发生磷的"化学固定"作用，这是磷肥当年利用率低的主要原因。这种固定作用也有有利的一面，即可以减少淋洗作用引起的损失，被固定的一部分磷素是弱酸溶性，可供后茬作物吸收利用。

国内外试验证明，磷的累积利用率可达 38％～40％，故在确定施用磷肥数量时可考虑前几茬的施磷情况。

242. 水稻的钾肥利用率是多少？

不同的土壤对钾的固定量差异很大，一般可达 11％～77％。钾的固定可以减少淋溶损失，固定了的钾在一定条件下还会被释放出来。钾的固定受黏土矿物类型、水分状况和土壤酸碱度等因素的影响。钾的固定可以减少淋溶损失，在一定条件下还会被重新释放出来，例如在干湿交替作用频繁、pH 升高时，钾的固定量相应增加。

土壤钾的消耗主要通过水稻的吸收和淋失，而钾的补给主要来自肥料，降雨也会补充少许钾素，另外残留土壤中的根茬也可补充一定的钾。水稻植株中的钾基本是以水溶态存在的，所以当水稻成熟后，雨水可以把田间稻株中的钾大量淋洗入土中。钾在土壤中的移动性虽比氮小，但比磷大，所以也有一定的淋失量。钾肥利用率一般为50%～60%。

243. 怎样根据计划产量计算水稻的化肥施肥量？

确定水稻施肥量，主要以氮肥为主，相应地施用磷肥和钾肥。

化肥施肥量（千克/公顷）的计算公式：

$$化肥施肥量 = \frac{计划产量需肥量 - (土壤供肥量 + 有机肥供肥量)}{化肥中有效成分含量(\%) \times 肥料利用率(\%)}$$

式中，需肥、供肥量都用产量乘百千克经济产量的需肥量计算。

根据水稻对养分元素吸收的比例、土壤有效养分丰缺状况和肥料利用率三方面决定磷肥的用量。水稻在一般情况下需要的氮磷比约为1:0.5（氮肥利用率为40%左右，磷肥利用率为20%左右）。

244. 硅肥对水稻有哪些作用？怎样施用硅肥？

水稻是典型的集硅、喜硅作物，对硅需求量较多。硅是水稻组成的重要营养元素，接近氮、磷、钾的需求量，居第四位。水稻体内硅酸含量约为氮的10倍、磷的20倍左右。土壤中硅的含量丰富，但水稻的吸收率极低。

① 硅肥能增加水稻产量、提高水稻品质。北方稻田土壤大多数是白浆土、草甸土，老稻田每年从土壤中摄取大量的硅，致使稻田严重缺硅，水稻生长不良，茎秆细长软弱，叶片由直立型变成垂柳叶型，空秕粒增多，千粒重下降，易倒伏，易发生稻瘟病、二化螟等病虫害。近年来的研究表明，在施用氮、磷、钾肥的基础上，施用硅肥可进一步提高产量。土壤中速效硅含量愈低，施硅肥的增产效果愈明显。硅肥对水稻增产一般在10%～15%。

② 硅能改善水稻的株型，提高光能利用率。水稻吸收硅以后，可形成硅化细胞，增强细胞壁强度，使植物机械组织发达，株型挺拔，茎叶直立，叶片伸出角度小，有利于通风、提高透光和密植，促进光合作用的进行和提高光合作用的效率，且有利于有机物的积累，从而增加了稻谷的产量。

③ 硅能增强水稻的抗病性。施用硅肥能增加水稻表皮细胞的坚

韧性，提高对病菌侵入的抗性。硅化细胞的形成使水稻表层细胞壁加厚，角质层增加，从而增强对病虫害的抵抗能力，特别是对稻瘟病、水稻纹枯病、稻胡麻斑病等有比较显著的作用。

④ 硅肥能够提高水稻抗倒伏和根系氧化能力。硅素能够增强植株基部秸秆强度，使水稻导管的刚性增强，提高水稻体内部的通气性，从而增强根系氧化能力，防止根系早衰与腐烂，根系发达能增强水稻的抗倒伏能力。

⑤ 硅肥能增强水稻抗寒、抗低温能力。水稻植株中的硅化细胞能够有效地调节叶面气孔的开闭及水分蒸腾。施用硅肥以后，水稻的抗旱、抗寒及抗低温能力增强。

⑥ 硅能活化土壤中的磷和提高水稻磷肥利用率。硅能够减少磷肥在土壤中的固定，同时活化土壤中的磷，促进磷在水稻体内的运转，从而提高磷肥的利用效率和水稻结实率。施硅酸钙能提高土壤pH值和钙离子的浓度，降低铝离子的浓度，减少磷的吸附和固定，提高磷的有效性。

⑦ 硅肥有改良土壤等作用。硅肥能够防止重金属、硫化氢、甲烷的污染毒害，促进有机肥的分解，抑制土壤病虫害的发生。

⑧ 硅可调节水稻植株水分的消耗。硅酸充足时，叶片表层细胞的角质层与硅酸层发达，能明显地减少叶片蒸腾的强度。

⑨ 硅肥的增产效果与土壤的酸度有关。当土壤pH值在5～8范围时，土壤中速效二氧化硅的含量与pH值呈正相关，即土壤的酸性愈大，速效二氧化硅的含量愈低，施硅肥的增产幅度愈大。

目前多利用含有钙、镁的硅酸盐作为硅肥，在施用基肥时与其他肥料同时施入，每公顷施用量为有效硅15千克。

245. 硫对水稻有哪些作用？怎样施用硫肥？

水稻体内含硫量约为0.2%～1.0%，硫是水稻合成蛋白质所必需的营养元素，水稻吸收利用的硫主要是硫酸盐，也可以吸收亚硫酸盐和部分含硫的氨基酸。水稻体内硫素和氮素代谢的关系非常密切。水稻缺硫可破坏蛋白质的正常代谢，阻碍蛋白质的合成。

缺硫时，水稻植株矮小，叶小，叶色变浅；严重缺乏时，叶片上出现褐色斑点，茎叶变黄甚至枯死，分蘖少。

施用硫肥时，应以土壤有效硫的临界值为依据。当有效硫含量<10毫克/千克时，施硫肥有效。一般由花岗岩、砂岩和河流冲积物等母质发育而成的质地较轻的土壤，其全硫和有效硫含量均较低，同时又缺乏对硫酸根离子的吸附能力，施用硫肥效果较好。另外，丘陵山区的冷浸田土壤全硫含量并不低，但低温和长期淹水环境影响了土壤硫的有效性，使有效硫含量变低，施用硫肥往往也有较好的增产效果。福建、江西等省，在水稻上施硫黄拌泥浆蘸秧根，一般可增产6%～7%，高的可达15%；早稻比晚稻效果好。一般稻田每公顷施硫黄52.5～60千克，用作改良盐碱地的水田可多施些。

应在水稻对硫肥反应较敏感的时期施用硫肥。水稻对缺硫反应敏感，特别是分蘖期对缺硫反应最敏感，应注意追施硫肥。

根据肥料性质选择施用方法。硫黄主要含硫，必须配合氮、磷、钾肥等化肥施用，才能发挥其增产作用。含硫肥料种类较多，性质各异。石膏类肥料和硫黄溶解度较低，宜作基肥施用，以便有充足的时间氧化或有效化；其他水溶性含硫肥料可作基肥、追肥、种肥或根外追肥施用，但在降水量大或淋溶性强的土壤上，水溶性硫肥不宜作基肥施用；在质地较轻的缺硫土壤上，应坚持有机肥和含硫化肥配合施用。水稻一般每亩施用石膏5～6千克或硫黄2千克，基肥用量大于追肥用量，如蘸秧根，每亩只用2～3千克石膏。结合氮、磷、钾、镁肥等肥料施用水溶性含硫肥料，例如在缺硫地区施用硫酸铵、硫酸钾、硫酸镁、过磷酸钙等，既补充了氮、磷、钾、钙、镁，又补充了硫营养，每亩施5～10千克即可，不必单独考虑施用硫肥。

普通过磷酸钙或重过磷酸钙中都含有大量的硫成分（主要为硫酸钙），施用这些磷肥时，一般就不必再施硫肥了。

246. 水稻缺锌有什么症状？在什么情况下有缺锌症状？

水稻缺锌症状，一般出现在插秧后20天左右。水稻缺锌，先在下部叶片中脉区出现褪绿黄白斑，上生红褐色斑点和不规则斑块，后逐渐扩大呈红褐色条斑，自叶尖向下变红褐色干枯，并自下叶向上叶依次出现。病株出叶速度缓慢，新叶短而窄小，叶色较淡，特别是基部中脉附近褪成黄白色。重病植株叶枕距缩短或错位，明显矮化丛生，很少分蘖，田间常表现参差不齐。根系老朽，呈褐色。根据植株形态、土壤和植株含锌量，缺锌症状可分为下列四种类型：

（1）生长正常　叶色浓绿，叶片没有斑点，生长整齐，叶片宽大，土壤有效锌含量高于 1 毫克/千克，植株叶片含锌量高于 20 毫克/千克。

（2）轻度缺锌　叶色绿，在分蘖期茎部老叶出现少量斑点，这种症状一般维持半个月左右即消失，土壤有效锌含量 0.5～1.0 毫克/千克，植株叶片含锌量为 15～20 毫克/千克。

（3）中度缺锌　叶色深绿，茎部 1～2 层老叶出现较多的褐斑，有的植株新叶中筋失绿变白，生长缓慢。这种症状能维持 20 天左右或更长，大雨后缺锌症状逐渐减轻或消失，有时基部老叶仍有少量褐色斑点，土壤有效锌含量为 0.3～0.5 毫克/千克，植株叶片含锌量为 10～15 毫克/千克。

（4）严重缺锌　新叶中筋失绿变白，其他叶片出现大量褐斑，基部叶片全部呈褐色，生长受抑制，新叶变小，叶枕间距离短，植株矮小，根系细弱。雨季后症状虽有好转，但仍不能恢复正常，缺锌症状延续到抽穗-成熟期。有的植株不能抽穗或仅抽出一小穗，参差不齐，迟熟，造成严重减产。土壤有效锌含量为 0.3 毫克/千克左右，植株叶片含锌量为 10 毫克/千克左右。

水稻缺锌原因主要有：

① 农户认为锌对水稻产量影响不大，由于忽视定期补锌，导致土壤缺锌。

② 农户对缺锌土壤识别力较差，石灰性冲积土、pH>7.9 的水稻土、冷浸田、白浆土、有机质含量过高或过低的土壤都易缺锌。

③ 由于长期过多地施用磷肥，造成土壤中速效磷含量过高，会诱发土壤缺锌。因为磷、锌之间存在拮抗作用，所以会降低土壤锌的有效性。

④ 在秧田期和移栽后的一个月内，气温、地温都较低（30℃是土壤锌活化的最适温度），土壤中微生物活力差，土壤中锌难以转化为有效态，从而影响水稻对锌的正常需求。

247. 缺锌稻田怎样施用锌肥?

所有生产水稻的国家都有缺锌的报道,增施锌肥有很好的增产效果。土壤中锌供应不足时,施用锌肥的水稻株高、穗长增加,穗粒数增多,增产率在 $10\%\sim15\%$。

(1) 锌肥施用时期和方法 水稻缺锌症状多在苗期出现,中后期逐渐缓和甚至消失。试验研究证明,水稻幼穗分化以前吸锌较多,一部分用于生长发育,一部分贮存于根系供中后期吸收利用。一般缺锌的土壤,在每年施一次农家肥、每公顷用量为 45 立方米的基础上,还可通过浸种或拌种、秧田喷施、秧根蘸锌肥、叶面喷施和追施等措施补锌。

直播水稻可用锌肥处理种子:

① 氧化锌拌种 将浸泡好的水稻种子,在催芽时用 $1\%\sim1.5\%$ 的氧化锌拌种和包衣(按干种子计算用 1.0% 的氧化锌,按湿种子计算用 1.5% 的氧化锌)。

② 硫酸锌浸种 即水稻种子用清水浸泡一天后,放入 $0.1\%\sim0.3\%$ 的硫酸锌溶液中再浸泡 $24\sim48$ 小时(早、中稻 48 小时,晚稻 24 小时)。

叶面喷施用 $0.1\%\sim0.5\%$ 的硫酸锌溶液,直播田可在五叶期、分蘖末期各喷一次。移栽田可在分蘖初期、分蘖末期各喷一次。必须注意叶面喷肥要保证肥液在叶面上的滞留时间,以使植株充分吸收利用。因此,要选择晴天上午 $8\sim10$ 时,或下午 $3\sim6$ 时进行喷肥,喷肥后遇雨应重喷一次。

锌肥蘸秧根能集中利用锌肥,效果非常好。稻苗移栽时用 $2\%\sim4\%$ 的氧化锌溶液(加适量干细土兑水调成浆状),随蘸随插。

(2) 锌肥施用量 一般缺锌田每公顷施用硫酸锌 15 千克,严重缺锌田每公顷施用硫酸锌 30 千克。

(3) 水稻锌肥后效和施肥周期 根据试验,每公顷施 15 千克硫酸锌,当季早稻利用率为 $1.2\%\sim2.5\%$,后作晚稻利用率为 $0.6\%\sim1.5\%$;在缺锌(有效锌含量为 0.3 毫克/千克)土壤上,每公顷施用 $15\sim30$ 千克硫酸锌,当季早稻增产 $18\%\sim18.7\%$,第二年早稻增产 $11.6\%\sim19.4\%$,第三年增产效果不显著,因此,水稻田施锌肥有较好的后效，可以隔年施用一次。

248. 怎样判断水稻田是否需要施用锌肥？

稻田是否缺锌，主要取决于土壤有效锌含量的多少。测定土壤有效锌含量的方法和鉴定指标是：碱性、中性土壤用 DTPA 浸提测定，当速效锌<0.5 毫克/千克时为缺锌；在酸性土壤用 0.1 摩尔/升盐酸浸提，当速效锌<1 毫克/千克时为缺锌。土壤酸碱度及碳酸盐含量等是影响土壤中锌的有效性的主要因素，含碳酸盐矿物多的石灰性土壤上，锌多不能被作物吸收利用；在有机质多的土壤上，有时因锌被有机质所固定，表现出缺锌；还有施磷过多时，也会导致缺锌，这是由于土壤中锌与磷酸形成难溶性磷酸锌沉淀而引起磷锌拮抗，降低了锌的有效性。

在缺锌的稻田，锌肥作本田基肥施或于苗期叶面喷施均有效果，一般可增产 5%～10%。用硫酸锌作基肥时，每公顷施用量为 15 千克，每 2～3 年施用一次。如在水稻生育期间发现缺锌症状，应及时进行叶面喷施，用硫酸锌配成 0.2%的水溶液，每公顷喷施 450～600千克。

第二节　玉米施肥技术

249. 玉米的需肥特点是什么？

玉米是高产作物，植株高大，吸收养分多；其又是光合效率高的作物，增产潜力很大，施肥增产效果极为显著。玉米需肥规律：氮肥最多，钾肥次之，磷肥较少。据试验分析，生产 100 千克玉米籽实，需要吸收氮素 2.1～2.8 千克、磷素 0.7～1.7 千克、钾素1.5～3.0 千克，氮：磷：钾约为 1：0.5：1。

玉米不同生长发育阶段对营养的需求数量、比例有很大不同。从三叶期到拔节期，随着幼苗的生长，消耗养分的数量逐渐增加，这一时期吸收营养物质虽少，但必须满足要求才能获得壮苗。拔节到抽雄期是玉米果穗形成阶段，也是需要养分最多的时期，这一时期吸收的氮占整个生育期的 1/3，磷占 1/2，钾占 2/3。此期如营养充足，能使玉米植株高大、茎秆粗壮、穗大粒多。抽雄期以后，植株的生长基本结束，所消耗的氮占 1/5，磷占 1/5，钾占 1/3。灌浆开始后，玉米的需肥量又迅速增加，以形成籽粒中的蛋白质、淀粉和脂肪，一直到成熟为止。这一时期吸收的氮占整个生育期的1/2，磷占 1/3。

250. 氮、磷、钾营养不足或过剩对玉米生长发育及产量有哪些影响？

氮素对玉米的生长发育和产量有很大的影响。生长初期氮肥不足时植株生长缓慢，呈黄绿色；旺盛生长期氮肥不足时植株呈淡绿色，然后变成黄色，同时下部叶子开始干枯，由叶尖开始逐渐达到中脉，最后全部干枯。但是，氮肥过量也会影响玉米的正常生长发育。播种时施入过量的可溶性氮肥，一旦遇到干旱，就会伤害种子，影响发芽，出苗率下降，出苗慢而不整齐。后期氮素营养过多时，植株生长发育延迟，营养体繁茂，籽实产量下降。同时由于氮素过多，促进了蛋白质的合成，大量消耗碳水化合物，因而组织分化不良，表皮发育不完全，易倒伏。

玉米有两个时期最容易缺磷：第一个时期是幼苗期，玉米从发芽至三叶期前，幼苗所需的磷是由种子供给的，当种子内的磷消耗完后，便开始吸收土壤或肥料中的磷。但因幼苗根系短小，吸收面积小，吸收能力差，如此期磷素不足，下部叶片便出现暗绿色，此后从边沿开始出现紫红色。极端缺磷时，叶子边缘从叶尖开始变成褐色，此后生长更加缓慢。第二个时期是抽雄期，抽雄期后植株内部的磷开始从叶片和茎内向籽粒中转移，这时如果缺磷，雌蕊花丝延迟抽出，受精不完全，往往长成籽实行列歪曲的畸形果穗。但磷肥也不宜过多，施磷过剩玉米生长发育加速，果穗形成过程很快结束，穗粒数减少，产量不高。

玉米幼苗期缺钾则生长缓慢，茎秆矮小，嫩叶呈黄色或黄褐色；严重缺钾时，叶缘或顶端成火烧状。较老的植株缺钾时叶脉变黄，节间缩短，根系发育弱，易倒伏。生育后期植株缺钾时，果穗顶部缺粒，籽粒小，产量低，壳厚淀粉少，品质差，籽粒成熟晚。而钾肥过多对玉米的生长发育及产量并没有明显的影响。

251. 为什么施用磷肥能促进玉米早熟高产？

在北方，春季地温低，土壤中的养分转化慢，可供作物吸收利用的有效磷含量低，所以玉米苗期常因磷素营养不足而发育不良。为此北方种植玉米多以磷肥作基肥或种肥早施，以促进玉米植株和根系的早期生长发育，并增强玉米抗旱和抗低温能力。试验证明，合理施用磷肥对玉米生长发育有明显的促进作用，其主要表现是：

（1）出叶快 据试验，不施磷区玉米 3 片叶时，施磷的已达 4～5 片叶。拔节后，不施磷区 8～9 片叶时，施磷的已达 11～12 片叶。

（2）叶色绿、叶绿素含量高 施磷肥的玉米叶中叶绿素含量比不施磷肥的提高 15％～25％。

（3）根系发达 施磷肥的玉米比不施磷肥的根数多一倍、根重增加两倍。由于根系发达，吸水能力强，增强了玉米的抗旱能力。

（4）植株高、叶面积大、干物质积累得多 施磷的玉米生长健壮，植株内干物质的积累量比不施磷的增加一倍以上。

（5）抽雄、吐丝早 据黑龙江省农业科学院土壤肥料与环境资源研究所试验，施磷肥的玉米抽雄期提前 6～8 天，吐丝期提前 4～7 天，成熟期提前 2～3 天。

（6）籽实饱满，产量增加 施用磷肥可显著提高玉米百粒重和产量，氮、磷肥配合施用时，磷肥的效果更显著。

252. 玉米产量不同，对氮、磷的吸收量是否相同？

随着玉米产量的提高，吸收氮、磷营养的数量也相应增加。因此要获得较高产量，必须相应地满足其营养要求。据试验，每公顷产玉米籽粒 4545 千克时，连同其秸秆吸收的氮素为 103.5 千克、磷素为 50.1 千克，折合 50 千克玉米需要氮 1.14 千克、磷 0.55 千克；每公顷产玉米籽粒 3480 千克时，吸收的氮素为 67.5 千克、磷素为 37.5 千克，折合 50 千克玉米需要氮 1.0 千克、磷 0.5 千克；每公顷产玉米 2070 千克时，吸收的氮素为 37.5 千克、磷素为 30 千克，折合 50 千克玉米需要氮 0.9 千克、磷 0.7 千克。由此看出，玉米产量越高，对氮、磷的需要量越大，但折合 50 千克玉米籽粒所需要的氮、磷元素量却相差不大，氮为 0.9～1.14 千克，磷为 0.55～0.7 千克。

253. 玉米种肥施什么肥好？

玉米出苗后，初生根较少，吸收养分的能力较弱，用速效性化肥作种肥对玉米幼苗的生长发育有良好的作用，尤其是施基肥较少的地块。适于作种肥的化肥很多，分别介绍如下：

（1）氮素化肥　在基肥施用量少或土壤瘠薄的条件下，用氮素化肥作种肥有显著的增产效果。在氮素化肥中，尿素、硝酸铵、硫酸铵、氯化铵均可作种肥施用，但应注意用量。用量适当可以促进玉米幼苗的生长；用量过大对种子出苗及幼苗生长有不良影响，用量越大对种子出苗和幼苗的危害越大。

（2）磷、钾化肥　玉米幼苗期磷、钾养分充足时，对植株生长发育有良好的作用，苗高、叶大、生长健壮，干物质积累得多。施用各种磷肥作种肥均有效，速效性的过磷酸钙和重过磷酸钙最适于作玉米的种肥。在缺钾地区，玉米种肥中加入钾肥是必要的，最好用氯化钾或硫酸钾。

（3）氮、磷肥配合施用　氮肥与磷肥配合作种肥施用比单独施用时肥效高，试验结果表明，磷肥单施作种肥平均增产 4.2%，氮肥单施作种肥平均增产 12.2%，氮、磷肥配合作种肥增产 20.7%。

种肥的施用方法，可采用条施或穴施。穴施种肥时要使肥料和种子距离 2～3 厘米，把肥料施在穴的一侧，种子播在另一侧，或者用有机肥料和土把种子与肥料隔开，以免影响种子发芽，降低出苗率。

254. 玉米追施氮肥应掌握哪些原则？

在施用有机肥料作基肥和种肥的基础上巧施追肥，是提高玉米产量的重要环节。特别是基肥数量少的地块，或是夏玉米或秋玉米来不及施用基肥的地块，更要及时追肥。

各种氮素化肥均可作追肥施用。追肥的时间、数量和次数，要根据土壤肥瘦、基肥和种肥施用的多少，以及气候条件等来确定。

北方气温低，玉米的生育期短，应强调早施追肥。黑龙江省多年多点的试验证明，拔节前一次追施氮肥最为经济有效，与拔节前和抽雄前两次追肥的效果相似。拔节前一次追施尿素 150 千克或硝铵 225 千克即可满足玉米穗分化对养分的需要。若进行两次追肥，也要前重后轻，以免贪青晚熟。

南方玉米的生育期长，可采用"三攻"追肥法：

（1）早追拔节肥　玉米长至七八片叶时就进入拔节期了，此时穗分化已经开始，是营养生长和生殖生长并进的时期，需肥量急剧增加。此时追施氮肥可起到发棵壮秆的作用，有利于幼穗分化。早追拔节肥，促使根、叶和茎秆发达，能制造和供应幼穗较多的养料，以降低空秆率，增加双穗率。

（2）重施攻穗肥　一般在抽雄前十天左右（大喇叭口期）追施氮素化肥。此时正是玉米雌穗的小穗和小花分化盛期，是决定果穗大小、粒数多少的关键时期，重施攻穗肥，保证足够的养分向穗部转移，对增加粒重、提高产量有很大作用。

（3）稳追攻粒肥　玉米抽穗后，雌穗吐丝时追施少量氮肥，可促使籽粒饱满。此时玉米果穗的大小和行粒数的多少虽已定型，对养分的吸收也开始逐渐减慢，但如果肥料供应不足，会引起植株早衰，影响籽粒充实，造成灌浆不良。适当补施粒肥可防止早衰，延长植株根系及叶片的活动时间，表现为秸秆成熟、粒重提高，从而获得高产。

合理施用粒肥可以增产，但如粒肥施用过多或过迟，不但造成肥料的浪费，而且延迟成熟。因此粒肥的施用原则是"宁早勿迟"，施肥数量仅占总追肥量的 10%～15%。

255. 玉米追施氨水时应注意些什么？

氨水是液体氮肥，挥发性很强，如施用方法不当，不但肥效低，而且容易危害植株，现在已经很少使用氨水。

玉米追施氨水时施肥深度以 10 厘米左右为好，因为氨水的挥发损失大，深施能减少氨的挥发损失，提高肥效。土壤对氨水有吸附能力，其吸附量与代换量的多少，与肥料和土壤接触面的大小有密切关系，浅施时覆土层薄，氨与土壤的接触面小，氨易挥发损失。

水浇地玉米施氨水作追肥时可结合浇水进行，从容器中将氨水用导管引入灌溉水液面以下冲入土壤。但应注意施用均匀，以防局部用量过多或浓度过大伤害植株。

256. 玉米怎样施用尿素？

合理施用尿素对玉米有显著的增产效果，但如施肥方法不当，也会引起烧籽、烧苗，降低肥效。

尿素施入土壤以后，一部分以尿素的形态被作物直接吸收利用，大部分分解成碳酸铵或碳酸氢铵，然后再逐步转化成亚硝酸和硝酸。尿素分解过程中，施肥部位局部土壤 pH 值暂时升高，有时可达 9 以上，氨的浓度也很大。在这种情况下，不但氨会挥发损失，而且影响种子发芽和幼根的生长。尿素中含有少量缩二脲杂质，对种子发芽也有害。因此，施用尿素时必须注意施肥技术。

尿素作种肥施用时，每公顷施用量不能高于 150 千克，肥料应施于种子斜下方 5 厘米左右的部位。但不应将肥料施在种子的垂直下方，以防幼根接触肥料时受害。

尿素作追肥时，既可以通过土壤施于作物根部，也适宜于作叶面喷施。尿素作土施追肥时应深施，深施可提高肥料的利用率。叶面喷施合适的浓度一般为 0.1%～0.5%，有利于玉米灌浆进而提高千粒重。叶面肥中所含的尿素有利于磷、钾的吸收。

尿素追肥的方法：在垄侧距植株 5～7 厘米处开沟条施或刨埯穴施。用机械深追肥时，追肥的时间宜早不宜晚，以防伤根。

为了防止尿素作种肥用量过大时发生烧种、烧苗问题，黑龙江省一些地方将尿素作基肥（底肥）施用，即于秋翻地或起垄时将尿素翻入土壤或合入垄中，肥效与追肥相近或略低。这种施肥方法适于在秋雨少、气温低的北方地区应用。

257. 玉米在哪些土壤上容易缺锌？症状是什么？

玉米对微量元素锌的反应比较敏感。土壤缺锌的原因一般有几种情况：一是成土母质缺锌的土壤，如花岗岩发育的土壤；二是石灰性土壤，主要分布在北方，包括绵土、娄土、黄潮土、褐土、棕壤土、潮褐土等，这一类土壤的 pH 值较高，降低了锌的有效性，是我国主要的缺锌土壤；三是含有机质较多的石灰性水稻土，因有机质的吸附也使锌的有效性降低；四是过量施用磷肥的土壤也易缺锌。一般认为植株体内的 P/Zn 比大于 400 时，会发生玉米缺锌症状。

玉米缺锌的显著症状是白苗花叶，有"白花叶病"之称，玉米的缺锌症一般从四叶期开始，新叶基部的叶色变淡呈黄白色。5~6 叶期时，心叶下 1~3 叶出现淡黄色和淡绿色相间的条纹，叶脉仍绿，基部出现紫色条纹。10~15 天后，紫红色渐变为黄白色，叶内变薄，似"白苗"。严重时，远看全田一片白。缺锌的玉米植株矮化，节间缩短，叶枕重叠，顶端似平顶。严重者白色叶片逐渐干枯甚至整株死亡。拔节后渐转淡绿，喇叭口期中下部叶出现黄绿相间的条纹，叶呈"花叶"状，基部重新变白，呈半透明状。抽雄后，自下至上呈"花叶"状。植株发育受阻，抽雄和吐丝都比正常植株迟 2~3 天。空秆多，果穗缺、秃尖。

258. 玉米怎样施用锌肥？

在有效锌含量低于临界值（1.5 毫克/千克）的土壤上种植玉米，可能发生缺锌症，要采取施肥措施补充锌的不足。

（1）基肥　每公顷用硫酸锌 15~22.5 千克，与有机肥料混合条施或穴施。

（2）拌种　每千克玉米种子拌硫酸锌 300~600 克，先用少量水将肥料溶解后喷于种子上拌匀。

（3）根外追肥　根外追肥是发现玉米缺锌症状后补施锌肥的一个好方法。用 0.15%~0.20% 的硫酸锌溶液，每公顷喷 600~750 千克，自拔节期起喷 2~3 次，每次间隔 10~15 天。

259. 玉米施锰肥效果如何？怎样施用？

有些土壤由于多年来偏施氮肥、磷肥，造成土壤中大量营养元素与微量元素比例失调。在有效锰含量低的土壤上施用锰肥对玉米有明显的增产效果。据在黑土和黑钙土上的试验，玉米用锰肥可增产9.0%~23.8%。

锰肥的施用方法有两种：一是拌种，每千克玉米种子用硫酸锰12 克拌匀后播种；二是叶面喷施，在拔节至抽穗期用 0.5% 浓度的硫酸锰溶液 600 千克喷施叶面。

第三节　大豆施肥技术

260. 大豆的营养特点是什么？

大豆是需肥较多的作物，每形成 100 千克大豆籽实需要氮素 6.6 千克、磷素 1.3 千克，钾素 1.8 千克，相当于 19.4 千克硝酸铵、7.2 千克过磷酸钙、3.6 千克硫酸钾的养分含量。大豆根瘤固定的氮，能满足大豆所需要氮素的 1/3～1/2。

大豆在不同的生育期吸收氮、磷、钾的数量不同。出苗到开花期吸收的氮占一生吸收氮量的 20.4%，磷占 13.4%，钾占 32.2%；开花期到鼓粒期吸收氮为 54.6%、磷为 51.9%、钾为 61.9%，鼓粒期到成熟期吸收氮为 25.0%、磷为 34.7%、钾为 5.9%。由此可见，大豆各生育时期都需要相当数量的氮、磷、钾营养。试验表明，播种期增施肥料能提高大豆根的吸收能力，促进营养体生长，增加分枝数和节数，花期增施肥料可以增大叶面积，促进营养体的生长和花器官的形成，结荚鼓粒期养分充足，有利于籽粒饱满。大豆对氮的吸收量，从始花至结荚期，占一生总吸收量的 1/2，所以花期追施氮肥有明显的增产效果。大豆对磷的吸收虽然以开花结荚期最多，但苗期磷素营养十分重要，所以磷肥多作基肥和种肥施用。大豆幼苗至开花结荚期对钾的吸收量占一生吸收量的 90%，所以钾肥也应作基肥或种肥施用。

除氮、磷、钾外，钼在大豆生长发育过程中也有重要作用，主要是促进大豆根瘤的形成和发育，增强其固氮能力，还能增强对氮、磷的吸收和转化。大豆需钙也较多，钙的作用主要是促进生长点细胞分裂，加速幼嫩组织的形成和生长发育，同时钙还能消除大豆体内过多草酸的毒害作用。

261. 大豆是否需要施用氮肥？

大豆与其他作物不同，根部有根瘤菌共生。根瘤菌能固定空气中的游离态氮素，供给大豆氮素营养。所以有人认为，种大豆不必施用氮肥。但是试验证明，根瘤菌固定的氮素只能满足大豆需要氮素的1/3～1/2，所以在多数情况下，只靠根瘤的固氮作用，也就不能获得高产，为了获得大豆高产还是需要施用氮肥。

瘦地和基肥不足的田块，大豆出苗后，由于种子中的含氮物质已基本用完，而这时根瘤尚未形成，或者固氮能力还比较弱，因此苗期常会出现缺氮现象。播种时用少量氮肥作种肥，对幼苗有促进根、叶生长的作用。中等肥力田块，可将氮肥和其他肥料混合作基肥，以满足大豆苗期对氮素的需要，施肥量一般每亩施尿素 4～5 千克。

氮肥施用不当往往会影响根瘤着结，降低根瘤菌的固氮能力。氮肥施用过多，也会使大豆因生育过于繁茂而落花落荚或贪青倒伏，所以施用氮肥必须因地制宜地掌握好施用技术。一般来说，地力瘠薄的地块或者生育不繁茂的矮棵早熟大豆品种需要施用氮肥，而肥力较高、水分充足的地块或生育茂盛的中晚熟品种，可不必施用氮肥。大豆施用氮肥以作种肥和花期追肥为好，但作种肥一般用量要少，追肥要注意深施。为了防止氮肥对根瘤固氮作用产生不利影响，最好多施农家肥料来满足大豆对氮素的需要。氮肥配合农家肥料施用也会提高肥效。

262. 一季作春大豆化肥秋施好不好？

大豆是需肥较多的作物，尤其是生育前期。但大豆对化肥又敏感，施肥不当会引起烧籽、烧苗，施用氮肥又往往妨碍根瘤着结，降低固氮活性。为了避免"肥害"，大豆强调施基肥，但春施基肥不利于保墒。为此，北方春旱地区常将春施基肥改作秋施基肥。秋施肥是于晚秋翻地前，将化肥撒施地表，翻地入土，或扣入垄中的一种施肥方法。大豆秋施肥有两个好处：一是可以做到深施，以适应大豆根深、吸肥面广的特点，深施还可减少养分损失和跑墒；二是秋施可以避免肥料与种子靠近或接触，减少对大豆发芽出苗的不利影响，以及对根瘤着结和固氮作用的影响，所以是一种值得推广的措施。但秋施氮肥适于高寒一季作春大豆区使用，而且施肥时期必须掌握在结冻前。据黑龙江省农业科学院牡丹江分院的试验，大豆秋施化肥可以显著促进营养体的生长，干物质的积累量高，但不发生过茂徒长和倒伏现象。氮、磷肥秋施还能提高结瘤数和根瘤数量与重量（干重和鲜重），显著提高化肥的增产效果。

263. 大豆缺肥时有哪些表现？

大豆缺氮时，先是真叶发黄，严重时从下向上黄化，直至顶部新叶。在复叶上沿叶脉有平行的连续或不连续铁色斑块，褪绿从叶尖向基部扩展，乃至全叶呈浅黄色，叶脉也失绿。叶小而薄，易脱落，茎细长。

大豆缺磷时，根瘤少，叶色变深，呈浓绿或墨绿色，叶形小，尖而狭，且向上直立。植株瘦小，根系不发达，生长缓慢。严重缺磷时，茎可以出现红色。开花后缺磷，叶片上出现棕色斑点。

大豆缺钾时，老叶边缘变黄，逐渐皱缩向下卷曲，但叶片中部仍保持绿色，而使叶片残缺不全，根系发育不良。黄化叶难以恢复，叶薄，易脱落。根短，根瘤少。生育后期缺钾时，上部小叶柄变棕褐色，叶片下垂而枯死。

大豆早期缺钙时，胚叶的基部会产生大量黑斑，胚叶叶缘呈黑色，叶片斑纹密集，节间缩短，茎秆木质化。功能叶黄化并有棕色小点，黄化现象先从叶中部和叶尖开始，叶缘、叶脉仍为绿色。叶缘下垂、扭曲，叶小、狭长，叶端呈尖钩状。晚期缺钙时，叶色黄绿带红色或淡紫色，落叶迟缓。

大豆缺镁时，在三叶期即可显症，多发生在植株下部。叶小，叶有灰条斑，斑块外围色深。有的病叶反张、上卷，有时皱叶部位同时出现橙、绿两色相嵌斑或网状叶脉分割的橘红斑；个别中部叶脉红褐色，成熟时变黑色。叶缘、叶脉平整光滑。严重缺镁时，组织甚至坏死。

大豆缺硫时，叶脉、叶肉均产生米黄色大斑块，染病叶易脱落，迟熟。

大豆缺铁时，叶柄、茎黄色，比缺铜时的黄色要深。植株顶部功能叶及分枝上的嫩叶易发病，一般仅在主脉、支脉出现，有时叶尖呈现浅绿色。

大豆缺硼时，4片复叶后开始发病，花期进入盛发期。新叶失绿，叶肉出现浓淡相间的斑块，上位叶较下位叶色淡，叶小、厚、脆。缺硼严重时，顶部新叶皱缩或扭曲，上、下反张，个别呈筒状，有时叶背局部呈红褐色。发育受阻停滞，迟熟。主根短，根颈部膨大，根瘤小而少。

大豆缺锰时，上位叶失绿，叶两侧产生橘红色斑，斑中有 1～3 个针孔大小的暗红色点，后沿叶脉呈均匀分布、大小一致的褐点，形如蝌蚪状。后期，新叶叶脉两侧着生针孔大小的黑点，新叶卷成荷花状，全叶色黄，黑点消失，叶脱落。严重时顶芽枯死，迟熟。

大豆缺铜时，植株上部复叶的叶脉绿色，其他部分呈浅黄色，有时产生较大的白斑。新叶小、丛生。缺铜严重时，在叶两侧、叶尖等处有不成片或成片的黄斑，斑块部位易卷曲呈筒状，植株矮小，严重时不能结实。

大豆缺锌时，下位叶有失绿特征或有枯斑，叶狭长、扭曲，叶色较浅。植株纤细，迟熟。

大豆缺钼时，由于氮素代谢失调而叶变成浅绿色，根瘤发育不良，固氮作用也减弱。

264. 大豆容易缺哪些微量元素？

大豆正常生长发育，除需要氮、磷、钾等大量元素外，还需要钙、镁、硫等中量元素和硼、锌、铜、锰、铁、钼等微量元素。大豆所需微量营养元素能否得到满足，主要决定于土壤中微量元素的丰缺和其他环境条件。例如低洼地或排水不良的土壤上种植的大豆，最容易缺锰。缺铁症常发生在石灰性土壤上，在土壤 pH 7.5～8.5 的条件下，有时施铁有效。与铁相反，大豆缺钼症常发生在 pH 值低于 6 的酸性土壤上。泥炭土、腐殖质含量极高的低洼地带有时需要施铜。大豆所需要的钙和镁，通常用施石灰的办法来解决，在过酸的土壤上施用石灰，除满足大豆对钙和镁的需要外，还能提高微量元素的有效性。增施有机肥，每亩施用腐熟的有机肥 1000～2000 千克，可预防大豆多种微量元素缺乏症，这也是重要的增产措施之一。

265. 大豆怎样施用钼肥？

钼是大豆生长发育所必需的一种微量元素，是大豆体内酶的组成部分，能促进根瘤的生长，增强根瘤菌的固氮能力，并加速对磷的吸收作用，钼还能促进大豆的生长发育，使其提早开花、成熟、增荚增粒、籽粒饱满，提高大豆产量和质量。

大豆施用钼酸铵的方法，有拌种、作种肥和根外追肥三种。

（1）拌种　钼酸铵 10～20 克，加少量水溶解后再加水至 1 千克，制成 1%～2% 的溶液。1 千克溶液可拌大豆种子 30 千克（拌种时不要用铁器，防止钼肥发生沉淀），待溶液被种子全部吸附、阴干后播种。

（2）作种肥　每公顷用 300 克钼酸铵加水溶解，再与过磷酸钙、草炭等混合，做成颗粒肥料施用或拌在农家肥料中作种肥施用。由于钼酸铵价格昂贵，不提倡钼酸胺作种肥使用。

（3）根外追肥　用 0.2% 钼酸铵溶液（每千克水中加钼酸铵 2 克），在大豆开花前每公顷喷洒 600～750 千克。

大豆施用钼酸铵方法简便，容易掌握，是一项经济有效的增产措施。大型农场还有用飞机大面积喷洒钼酸铵的经验，增产效果明显。

266. 大豆增花保荚的施肥要点是什么？

大豆花荚脱落的原因很多，养分供应失调是其重要原因之一。大豆在各生育时期对养分的吸收是不平衡的，至开花结荚期，包括贮藏的碳水化合物和蛋白质在内，吸收全氮量的 78.4%、全磷量的 50%、全钾量的 82.1%。可见，开花结荚阶段的养分供应问题，是关系到大豆开花、花荚脱落和产量的关键之一。这一时期养分供应不足、过剩或失调，以及养分供应与外界环境或技术措施配合不当，都会引起严重的落花落荚。

为了增花保荚，在施肥上需掌握以下要点：

（1）结合深耕增施农家肥料　用农家肥料作基肥，同时深耕，增加土壤中各种养分的含量，提高土壤肥力，创造适宜的土壤环境，可显著提高大豆的保花保荚率。

（2）施足磷肥　磷肥主要应作种或基肥施用，以满足大豆苗期和整个生育期的需要，由于大豆开花期至成熟期对磷的吸收持续时间较长，当基肥和种肥不足时，还应追施部分磷肥，以减少花荚脱落，同时促使籽粒饱满和提早成熟。

（3）花期追氮　花期追施少量氮肥也有增花保荚的作用。为了避免氮肥对根瘤着结产生不良影响，一般不提倡用氮肥作种肥，至少是不能用多量氮肥作种肥。因此追施氮肥，特别是花期追施氮肥不仅能减少花荚脱落，还能促进大豆后期发育。

（4）施钼肥　施微量元素钼除能促进根瘤发育外，还能提高大豆的结荚数。通过拌种、根外追肥的办法补充钼，也是一项增花保荚、提高产量的重要措施。

267. 连作大豆怎样施肥？

连作大豆，也叫重迎茬大豆，重茬即连年种植大豆，迎茬即隔年种植大豆。重迎茬的主要危害一般认为主要是：①土壤养分非均衡消耗；②病虫害加重；③土壤理化性质恶化；④植物分泌毒素的自身危害；⑤土壤微生物群落失去平衡。一般大豆重迎茬较正茬减产 $6.1\%\sim10.7\%$，重茬一年减产 $9.9\%\sim15.9\%$，重茬两年减产 $13.8\%\sim24.1\%$，重茬 3 年减产 $19.0\%\sim31.1\%$。

在大豆主产区大豆轮作困难，重迎茬种植现象普遍，可以通过施肥等措施缓解连作障碍。连作大豆施肥：

（1）种肥　推广测土施肥，根据测土结果确定施肥量和比例，平原区按测土结果配制施肥量与比例并达到养分平衡，丘陵区适当增氮，低湿区适当增磷、钾。

平原区：每公顷施磷酸二铵 130 千克、尿素 46.5 千克、硫酸钾90 千克。

丘陵区：每公顷施磷酸二铵 163.5 千克、尿素 66 千克、硫酸钾120 千克。

低湿区：每公顷施磷酸二铵 147 千克、尿素 40.5 千克、硫酸钾120 千克。

（2）叶面肥　在结荚期和鼓粒期每公顷喷尿素 6 千克、磷酸二氢钾 1.5 千克，喷洒两次。

（3）微肥　每公顷施硼砂 7.5 千克，将硼砂与化肥充分混匀，播种时一次施用；钼酸铵拌种，每千克种子拌 1 克钼酸铵；或用含硼钼肥种衣剂包衣。

268. 夏大豆和秋大豆怎样施肥？

夏大豆和秋大豆的生育期一般比春大豆短，许多地区采用培养前茬的做法解决大豆的施肥问题。对夏大豆，除前作施肥外，部分地区采用耙地施基肥的方法，主要是指农家肥料，磷肥和其他迟效性化肥也可以耙施，即将肥料撒施于地表，耙地入土，土壤和肥料可以充分混合，但施肥部位往往偏浅。夏大豆区土壤瘠薄或基肥不足的地块，往往追一次枝芽肥，于花芽分化到分枝出现期，即结合第二次锄地追施化肥。一般每公顷施硫酸铵 112.5 千克或硝酸铵 75 千克左右，加过磷酸钙 112.5 千克。开沟条深施效果更好。花期追氮肥根据情况进行一次或两次。追一次时在初花期，追两次时在初花前和盛花期各一次。荚肥是否需要，要根据大豆的生长情况确定，由于大豆开花期较长，需养分数量又多，若养分不足，往往会因早荚和晚花争夺养分而引起花荚脱落。基肥或追肥不足的地块，肥力低或前茬"瘦"的地块，需施少量荚肥。

秋大豆或与小麦套种的大豆多强调种肥，但需注意化肥对种子发芽、出苗产生的不良影响，最好结合农家肥料施用，单施时应使种子和肥料保持 5～10 厘米的距离。

269．大豆怎样施肥？

大豆从生育中期就开始开花结荚，由于营养生长和生殖生长同时进行而需要大量养分，依靠基肥和种肥往往满足不了这一时期的需要，及时追肥有时能获得显著的增产效果。但必须根据土壤肥力状况、施肥水平、大豆品种、植株生长发育表现以及气候情况，来确定追肥的种类和数量。

肥力较高的地块，在施用基肥和种肥的情况下，追肥数量不宜过多，特别是氮肥不能过多，追肥时期不宜过晚，注意控制生长；瘠薄地块则需加大追肥量，促进生长发育，提高繁茂度。肥料成分中要适当增加氮的比重。一般地块追施氮、磷、钾肥可以采用 1∶1∶1 的比例，或 1∶2∶1 的比例。硝酸铵、尿素、过磷酸钙、重过磷酸钙等速效性肥料品种，以及复合肥等均可作追肥施用。追肥时期以初花期为好。追肥方法以侧深施效果最好，生产上常采取开沟条施，盖土后再蹚地覆土的方法，既有利于根系吸肥又能减少养分损失，但要尽量避免伤根和烧伤叶片。采用中耕追肥机一次作业更为经济有效。根外追肥也是一种较好的追肥方法，一般作为生育后期大豆结荚和鼓粒期营养不足时补充营养的一种辅助措施。可喷施 1%～2% 的尿素溶液、3% 的过磷酸钙溶液或 1%～2% 的磷酸二氢钾溶液。钼酸铵除拌种外，也可作根外追肥施用。

270. 什么叫大豆的前作施肥？

大豆的前作施肥是指给大豆的前茬作物大量施用农家肥料或磷钾肥。农家肥料是一种完全肥料，既含有部分速效性养分，又含有多量迟效性养分，有良好的后效。所以施用农家肥料不仅对当季作物，对下茬作物也有显著增产效果。

前作施肥多用于夏大豆和秋大豆，夏大豆一般种在麦茬上，秋大豆多种在稻田上。夏大豆和秋大豆的发育期较短，所以当季施的农家肥料有时由于腐解缓慢，满足不了大豆的需要。而前作施肥，肥料在土壤里有充分的转化时间，而且土肥相融，为大豆创造了良好的土壤环境，同时也缓和了抢收抢种时劳力和机械力的紧张，"两季肥一季施"是一项经济有效的增产措施，往往能获得两季双丰收的效果。

化学肥料，特别是磷肥，作为贮备施肥施给大豆前茬，对大豆有良好的后效。各种迟效性化肥也可作为大豆的前作施肥用。

271. 施用缓效氮肥对大豆的增产作用怎样？

大豆由于具有根瘤固氮作用，因而形成了特殊的需氮规律。在生育前期给予大量氮肥，根瘤的生长发育就要受到抑制，影响其固氮能力；如氮肥不足，到大豆生育旺盛时期追肥不便，而其自身的固氮又不能满足对氮肥的需要，致使大豆生长发育不良，难以获得高产。为此，大豆播种时施用缓效氮肥的方法，使之在苗期既不影响根瘤固氮，而生育后期又能满足大豆对氮肥的需求。经试验，施用缓效氮肥对大豆有明显的增产效果，与等氮量的普通尿素相比，大豆百粒重增加 0.4～0.8 克，产量提高 5.0%～11.1%。在开花期调查，施用缓效氮肥比普通氮肥的根瘤数量及根瘤干、鲜重都有增加。通过 ^{15}N 示踪的方法测定，缓效氮肥比普通氮肥的氮素利用率增加 5.6%。

大豆播种时施用缓效氮肥可以缓解施用氮肥与根瘤固氮之间的矛

盾。在生产上可以通过基（种）肥一次施用，既可节省人力又可免除大豆生育期间追肥的困难。

第四节　小麦施肥技术

272.氮、磷、钾对小麦有哪些生理作用？

氮能促进小麦分蘖和茎、叶生长，有利于叶片光合作用的进行。在幼穗分化期，补充充足的氮并配合适量的磷、钾有利于形成大穗，增加小穗数和小花数，提高结实率。

磷能加速小麦的生长发育，并促进其成熟。在小麦扬花灌浆阶段，磷素营养充足对增加千粒重、提高籽实产量有重要作用。

钾能促进小麦碳水化合物的形成与转化，促使叶中的糖分积累，增强小麦的抗逆能力。

氮、磷、钾三要素不足对小麦的影响极大。氮肥不足时，产量显著下降，籽实中蛋白质含量低，品质低劣。磷肥不足也严重影响产量，因为小麦对土壤中的难溶性磷吸收能力较弱。钾不足时，作物体内含糖量减少，耐寒和抗旱性能变差。只有同时满足小麦对氮、磷、钾三要素的需求，才能保证其正常生长发育，为小麦的优质高产创造条件。

273．小麦缺乏不同营养元素在外观上有什么不同？

缺氮：植株矮小细弱，叶黄绿色，尖端变黄，分蘖少，茎细弱发红，有时呈淡紫色，穗形短小，千粒重低。

缺磷：叶片暗绿色，带紫红色，无光泽，植株细小，分蘖少，次生根极少，茎基部呈紫色。

缺钾：初期，叶片呈蓝绿色，叶质柔弱并卷曲，以后老叶的尖端及边缘变黄，变成棕色，叶尖、叶边干枯，全叶随之枯死，呈烧焦状。秆短而弱，易发生倒伏，籽粒不充实，分蘖不规则，或穗少。

缺钙：植株生长点及叶尖端易死亡，幼叶不易展开，幼苗死亡率高，叶片呈灰色，已长出的叶子也常出现失绿现象。

缺镁：植株生长缓慢，叶呈灰绿色，有时叶脉间部分发黄，幼叶在叶脉间形成缺绿的条纹或整个叶片发白，老叶易早枯。

缺硫：植株常常变黄，叶脉尤甚，但老叶往往保持绿色，植株矮小，成熟延迟。

缺锌：叶的全部颜色变浅，叶尖停止生长，叶片失绿，节间缩短，植株矮化丛生。

缺钼：叶片失绿黄化，先从老叶的叶尖开始向叶边缘发展，再由叶缘向内扩散，先是斑点，然后连成线和片，严重者黄化部分变褐色，最后死亡。

缺硼：分蘖不正常，严重时不出穗，或者只开花不结实。

缺铜：叶片失绿，老叶多弯曲，灌浆很差，成熟期延迟，籽粒秕。

缺锰：叶片柔软下披，新叶脉间条纹状失绿，由绿黄色到黄色，叶脉仍为绿色；有时叶片呈浅绿色，黄色的条纹扩大成褐色的斑点，叶尖出现焦枯。

274．春小麦的需肥特点是什么？

春小麦播种期早，发育速度快，生长期短，这决定了小麦"早、足、快"的需肥特点。从小麦本身的生长发育情况来看，出苗后十几天就进入三叶期，开始幼穗分化。从生长锥伸长到雌雄蕊分化仅仅37天，这段时间的营养供应充足与否，直接影响到小麦结实器官的发育好坏和产量高低。从外界条件看，春小麦的播种期早，东北地区一般在3月中、下旬播种，底土仍在结冻，苗期气温低，土壤微生物活动弱，养分分解缓慢，苗期常常表现速效性养分不足，这就构成了春小麦需肥时期早，要求肥效来得快、数量足，以前期为主的特点。在春小麦整个生长发育阶段，有90％以上的氮、80％以上的磷和90％的钾是在抽穗以前被吸收的。可见，春小麦的施肥，应掌握施足基肥和以种肥为主、追肥为辅的原则。

275．小麦吸收各种养分的高峰期是什么时候？

小麦吸收氮、磷、钾的高峰期各不相同。氮在分蘖期吸收得少，到孕穗期以后迅速增加，到乳熟期又减少。磷在生育初期的吸收比例小于氮，吸收高峰期在抽齐穗时。钾在分蘖初期比氮、磷吸收得都少，过了这个时期之后急剧增加，在抽齐穗时达到最高值，以后又减少（见表13）。施用各种肥料均需在小麦吸收养分高峰期之前，才能满足其正常生长发育的需要。

表 13　小麦吸收养分状况（对最高养分吸收量的百分比）　　单位：%

养分	分蘖初期	分蘖盛期	孕穗期	齐穗期	乳熟期	完熟期
氮	15.5	52.0	92.4	97.2	95.7	92.4
磷	7.8	26.9	84.6	100.0	93.0	93.1
钾	4.9	24.4	80.3	100.0	64.0	58.4

276. 小麦怎样施用种肥？

种植小麦，需要施足、施好种肥，对于小麦苗齐、苗壮、抗旱、抗寒、加速生长发育、早熟高产具有重要作用。

（1）化肥拌种　最适于与种子混拌播种的氮肥是硫酸铵。硫酸铵吸湿性小，不容易挥发、分解，对种子萌发和幼苗出土均无不良影响。肥料和种子都必须充分干燥，而且要随拌随播。每公顷用量一般为 60~75 千克。

用尿素拌种时，用量不能过多，因为尿素中含有缩二脲，易伤害种子。尿素在氨化过程中产生的氨气对种子也有毒害作用，所以用量不得超过 52.5 千克。

粒状普通过磷酸钙、重过磷酸钙也可拌种施用，一般每公顷用量，粒状普通过磷酸钙为 45~75 千克，重过磷酸钙为 22.5~37.5 千克，先与 1~2 倍细干的有机肥料拌匀，再与浸种阴干后的麦种放在一起搅拌，随拌随播。质量差，特别是游离酸含量高的过磷酸钙不宜拌种施用。

磷酸二氢钾是一种优质磷钾复合肥，用作种肥可以改善小麦苗期的磷、钾营养状况，促进根系下扎。用磷酸二氢钾 500 克，兑水 5 千克，溶解后拌麦种 50 千克，拌匀堆闷 6 小时播种。

在缺锌地区，用硫酸锌 50 克，溶于适量水中，拌麦种 50 千克，拌匀后堆闷 4 小时，晾干后播种，可使小麦增产 10% 以上。

在缺硼地区，用硼砂 10 克，兑水 5 千克，溶解后拌麦种 50 千克，可使小麦增产 10％以上。

在缺钼地区，每千克麦种用钼酸铵 2～6 克，拌种前先用 40℃的温水将钼酸铵化开，可使小麦增产 10％以上。

（2）分箱施肥播种　装有肥料箱的播种机，可以分箱施肥播种，输肥箱与输种管可插入同一开沟器内的不同位置，肥与种子同时播下，由于肥和种子的接触机会比拌种少，因此这种施肥方法可以增加施肥量。

（3）单独施肥　在拌种和分箱施肥都达不到预计施肥量的情况下，要采用单独施肥的方法。在播种前单独施肥，施肥深度以施于种子斜下方 2～3 厘米为好，种子扎根时，不致引起烧苗，施肥量可较拌种的增加 1～2 倍。

充分腐熟的厩肥、牛羊粪、猪粪、鸡粪、兔粪等，经压碎过筛后，均可以作种肥施用。

无论采取哪种施肥方法，都应按土壤的肥力状况、基肥、前茬、小麦品种等具体条件，确定施用的肥料品种、施用量和氮、磷、钾的比例。

277．机播小麦大量施用尿素时，怎样避免烧籽烧苗？

春小麦是窄行密植作物，加之生育期短，应以种肥为主。但是尿素作种肥拌种施用，易引起烧籽烧苗，每公顷用量一般不得超过 52.5 千克，远远达不到预计施肥量。那么，在大量施用尿素的情况下，怎样才能避免烧籽烧苗呢？据黑龙江省农业科学院土壤肥料与环境资源研究所试验，播种小麦时，采取种子、肥料隔行播种的方法，可避免烧籽烧苗，且增产效果显著，每公顷施尿素 195 千克和 390 千克都没有烧苗现象，并分别增产 7.1％和 10.7％。试验还证明，不管是缩二脲还是衍生氨，烧苗的范围都不超过施肥点周围 3 厘米或施肥带两侧 3 厘米的距离，所以使肥料和种子保持 3 厘米以上的距离，就可安全无害。

隔行播肥的做法：用 48 行播种机，把排肥口隔一个堵一个，播种口也是隔一个堵一个，两者相互交错，大行距 22.5 厘米，小行距 7.5 厘米，使尿素距种子 7.5 厘米。现有的播种机不必改装就可以直接使用，如能改装播种机的输种管，使尿素和种子各走单管、分行落地，播成 15 厘米的行距，中间 7.5 厘米处施肥，效果更好。

278. 春小麦怎样进行追肥？

春小麦生育期短，追肥的效果一般不如种肥，所以多数不提倡施用追肥。追肥只作为补充基肥或种肥不足的一项辅助增产措施。

春小麦追肥以早追为好，第一次追肥在三叶期到分蘖期，大约占追肥总量的 2/3，如土壤水分适宜或追肥结合灌水松土，可获得较好效果。一般每公顷施尿素 75～112.5 千克，多用播种机施肥，与苗带成 15°～25°角播入。在没有追肥工具的情况下，可扬施，然后用松土器松土，或把肥料耙入土壤中，但应注意不要在雨后或有露水时扬施，以免肥料粘到叶面上，造成烧伤。拔节期进行的第二次追肥，称为拔节肥，一般轻施，大约占追肥总量的 1/3。

279. 怎样施用硼肥防治小麦不稔症？

有些土壤因有效硼含量低，小麦易发生不稔症。据测定，当土壤中有效硼含量低于 0.2 毫克/千克时，就会导致小麦硼素营养不良，引起花药瘪秕，雄蕊退化，花粉败育，不能正常授粉结实，严重地影响产量。

在缺硼的土壤上施用硼肥，可防治小麦不稔症，黑龙江省草甸黑土上种植的小麦，不稔症严重，每公顷产量只有 375～450 千克，施用硼肥后，不结实率由 98.7％～88.0％降到 9.4％～0.5％，增产 40％～100％，每公顷产量提高到 1650 千克。

硼肥的施用方法：

(1) 种肥　每公顷用 7.5～15 千克硼砂，均匀地搅拌在过磷酸钙里制成颗粒肥，在播种时随同种子施入土中。也可进行拌种，用硼砂 10 克，兑水 5 千克，溶解后拌麦种 50 千克，可使小麦增产 10％以上。

(2) 叶面喷肥　追肥不宜过晚，最好在分蘖与拔节期进行两次喷施，硼酸浓度为 0.02％～0.025％，硼砂浓度为 0.03％～0.05％。每公顷喷洒溶液 450～750 千克。

280. 冬小麦的需肥特点是什么?

冬小麦和春小麦不同,生育期较长,从播种到成熟,在江南需要 120~130 天,黄河流域则需要 220~250 天。冬小麦一生中经历出苗、分蘖、返青、拔节、孕穗、抽穗、开花、灌浆至成熟几个明显的生育时期。冬小麦是一种需肥较多的作物,每生产 100 千克小麦,需从土壤中吸收氮 3 千克左右、磷 1~3 千克和钾 2.5~3 千克。在整个生育期间对养分的需要是不平衡的。对氮的吸收有两个高峰:一个是从分蘖到越冬,这一时期的吸氮量占总吸收量的 15% 左右,是群体发展较快的时期;另一个是从拔节到孕穗,随着地上部植株的迅速生长,叶面积不断增大,吸收养分数量显著增加,这一时期是吸氮量最多的时期,约占总吸收量的 40%。对磷、钾的吸收,一般随小麦生长的推移而逐渐增多,拔节后吸收率急剧增长,40% 以上的磷、钾养分是在孕穗以后被吸收的。

冬小麦与其他作物相比,对肥料的需要有以下几个显著特点:一是对土壤肥力的依赖性很大,故施肥对其高产举足轻重;二是氮肥用量不宜过大,否则易造成前期生长过旺、后期倒伏减产;三是小麦对磷特别敏感,如果三叶期缺磷,会导致次生根减少,分蘖延迟或不分蘖;三叶期后缺磷,会延迟抽穗、开花和成熟,使穗粒数减少、千粒重下降。此外,小麦虽然吸收锌、硼、锰、铜、铁等微量元素的绝对数量少,但这些微肥对其生长发育却起着十分重要的作用,也应该注意适时施用。

281. 冬小麦越冬前怎样施肥?

冬小麦越冬前的施肥,包括施足基肥、补施种肥、冬前追肥三个环节。

冬小麦自出苗到拔节,植株生长的重心是根、叶和分蘖。小麦从出苗至分蘖期虽然吸收养分较少,但初期保持适当的营养水平,对营养生长和以后的生殖生长均有好处。小麦是对磷反应敏感的作物,磷素营养水平的高低和供应时间的早晚影响其干物质积累和营养物质向分配中心转移的进程。一般高产小麦,前期吸磷强度大,积累速度快，从而可以有力地增加干物质积累的强度和速度；而低产小麦，前期植物含磷水平低，磷的积累速度慢，干物质的积累过程也较慢。为了保证小麦前期良好的磷营养条件，磷肥多以基肥和种肥施用，对于北方冬麦区来说，增施磷肥可巩固早生健壮分蘖。同时，促使植物体内积累较多的糖分，增强抗寒性，有利于小麦安全越冬，为来年返青准备好物质条件。苗期适当地追施氮肥，可以增加早期分蘖，有利于培育壮苗。但也不可使苗生长过旺，过旺往往引起前期徒长、后期倒伏。

282. 对冬小麦如何追返青肥？

冬小麦返青以后，随着气温的升高，地上部迅速生长，对氮、磷、钾的需要量较前期显著增加，这一阶段的生长重心仍然是根、叶和分蘖，追返青肥是春季追肥的关键，对于巩固年前分蘖、适当争取一部分春季分蘖和提高有效分蘖均有一定效果。返青肥的种类以速效性氮肥为主，配合磷、钾肥，每公顷施硫酸铵75~150千克、过磷酸钙75~150千克。如每公顷施硫酸铵225千克以上，可分返青、拔节期两次施用。在数量分配上，要掌握"前重后轻"，即返青肥多施、拔节肥少施的原则。

283. 冬小麦从拔节到开花这一阶段如何施肥？

冬小麦在这一阶段对养分的吸收率增长最快。此期植株进入孕穗期，生长重心转为茎和幼穗，如能满足植株对养分的需要，使营养物质大量运转至茎和幼穗，可促使秆壮穗大，而这一阶段主要是加强氮素营养。一般在前期适当控制的基础上，重施拔节肥，有利于小花分化，减少不孕小穗、小花数，增加结实数。拔节肥的具体用量和施用时期，要根据地力和苗情等灵活掌握。

284. 冬小麦后期怎样追肥？

冬小麦后期追肥是在春季追肥基础上进行的。小麦抽穗前后，直至灌浆、成熟阶段，植株生长重心是穗粒。增施磷、钾肥可以促进小麦受精和籽粒形成，增加粒重。抽穗后脱肥的麦田，可再喷施0.5％~2％浓度的尿素溶液。

第五节 马铃薯施肥技术

285. 马铃薯怎样施肥？

马铃薯是高产作物，合理施用有机肥料作基肥，增加土壤中的养分，增强土壤通透性，有利于马铃薯根系的发育和块根的膨大。

在施用有机肥料的基础上施用化肥，对马铃薯有明显的增产效果。

施用氮肥能促使植株生长迅速、叶片肥大，加速有机物的积累，提高光合生产率。磷肥可促进块茎中干物质和淀粉的积累。氮肥和磷肥配合施用还有互相促进肥效的作用。钾肥能加强植株的代谢过程，增强光合强度，延迟叶片的衰老速度，促进植株体内蛋白质及糖类的合成。

在一般土壤肥力条件下，以每公顷施纯氮 60～75 千克、磷 75 千克左右为宜。化肥的施用时期和方法如下：马铃薯施肥应以种肥为主，因马铃薯是以块根繁殖的作物，营养生长阶段很短，自出苗 25 天左右即进入结薯期，地下块茎开始膨大。根据马铃薯的这一特点，一般在播种时将氮肥和磷肥混合条施或掺入农家肥料中撒于播种沟内。

286. 马铃薯怎样看苗追肥？

马铃薯的追肥，首先要以消灭三类苗为目的。三类苗的追肥，应在幼苗期及早进行，多采用碳酸氢铵或硫酸铵，施于弱苗的根部，每穴 2～5 克。追肥时不要使肥料与植株接触，防止烧苗。

为了促壮苗所进行的追肥，可结合蹚二遍地进行。追肥的种类应视基肥、种肥的施用情况和幼苗发育情况而定。如果苗色淡绿不新鲜、生长慢，应追氮肥；如果幼苗生长瘦弱，还应同时追施磷肥。发现幼苗茎细、节间伸长、有徒长现象时，应及时追施磷肥和钾肥。

现蕾期以后，除土壤特别瘦的地块外，一般不必追肥，特别是不宜过多地追施氮肥，以防止地上部徒长。

马铃薯最好不施氯化铵、氯化钾等含氯的化肥。

第六节　油菜施肥技术

287. 春油菜的需肥特点是什么？

目前北方种植的小油菜类型的春油菜，苗期一般为 15～25 天，现蕾至初花期一般为 8～15 天左右。其对营养的需要集中在出苗至初花期的营养生长阶段，由于春油菜生育期短、早期生长快，因此应以"基肥为主，追肥为辅，底肥重，追肥早"的原则。底肥一般占总施肥量的 70%～80%，追肥要在初花期以前进行完。

288. 春油菜怎样施肥？

春油菜是喜肥作物，施用化肥有明显的增产效果。春油菜和小麦一样，生育期短，是"胎里富"庄稼，施肥强调早，肥效要求快，所以施种肥往往比施追肥效果更好。据黑龙江省农业科学院试验，每公顷施尿素 67.5 千克作种肥，春油菜每公顷产量 1905 千克；开花期追肥的每公顷产量 1080 千克，不施肥的每公顷产量 915 千克。在目前情况下，氮肥以每公顷施尿素 75 千克或硝酸铵 112.5～150 千克为宜。氮、磷肥配合有机肥料作种肥施用效果最好。但在北方春油菜播种后的很长一段时间内气温较低，春油菜的生育期又短，当年施用有机肥料很难发挥肥效。有机肥料最好前一年秋天施，或者施给前茬作物。

追肥要在定苗后立即进行，每公顷施硫酸铵 112.5～150 千克，或者尿素 75 千克。开沟条施，随后覆土，有条件的结合灌水效果更好。花期追施氮肥不宜过多过晚，如果氮肥过多，形成的蛋白质相对多于脂肪，会影响菜籽中油分的积累，降低含油率。

289. 冬油菜的需肥特性是什么？

冬油菜不同生育阶段吸收的营养元素数量不同。苗期吸收氮素量占全生育期吸收总量的 43.9%，磷、钾各占 20% 左右。要使冬油菜幼苗在越冬前达到壮苗，必须满足这一时期对养分的需要。

蕾期是冬油菜营养生长和生殖生长并进的时期,吸收氮素量占一生吸收总量的 45.8%,钾占 54.1%,氮、钾的日积累量达到最高峰。这一阶段养分供给充足,对荚果数有重要影响。

花期到成熟期是冬油菜生殖生长最旺盛的时期,也是一生中对磷素吸收最多的时期,占吸收总量的 58.3%。

每生产 100 千克油菜籽(包括根、茎、叶、花、荚壳)需要吸收氮 8.8～11.3 千克、磷 3.0～3.9 千克、钾 8.5～10.1 千克。氮、磷、钾的比例约为 1:0.5:1。

290. 氮、磷、钾营养元素对冬油菜的生长发育有什么影响?

(1) 氮　施氮量的高低对冬油菜植株干物质积累量、叶片数、叶面积系数以及根茎粗细均有明显影响。氮肥用量不同对苗期影响不大,但到花期,施氮水平高的花芽分化早、花数多、成熟早。因此,要重视冬油菜蕾期以前的氮素营养,以促进花芽分化,取得较多的有效花数,达到增产的目的。

(2) 磷　施用磷肥可促进冬油菜生长发育,提高产量及含油量。苗期施磷肥可使冬油菜提早开花 2～4 天,薹花期提早 2～6 天,成熟期提早 1～2 天。油菜施磷肥一般可增产 10%～30%,提高含油量 0.5%～2.4%。特别是土壤速效磷(碳酸氢钠法)含量在 10 毫克/千克以下的地区,施用磷肥效果更为明显。

(3) 钾　施钾肥对冬油菜提早生长发育也有明显作用。据试验,苗期施钾肥的冬油菜生育期提早 7 天左右,蕾薹期提早 20 天左右。在缺钾土壤上施钾肥可增产 10%～30%。

291. 冬油菜怎样施肥?

根据冬油菜的需肥特性,在施肥上应掌握"施足底肥,增施苗肥,早施苔肥,巧施花肥"的原则。

(1) 施足底肥　底肥能使冬油菜在越冬前有较大的营养体,已发的根系积累较多的干物质,为丰产打下基础。底肥主要施用有机肥料和磷、钾化肥,以及少量氮肥。底肥可以沟施或穴施,在移栽前一天将肥料施入沟内覆土,次日移栽。移栽后再用人粪尿或氮肥溶液浇定根肥,促进成活。

（2）增施苗肥　施用苗肥有利于冬油菜在越冬前短暂的较高气温下形成壮苗。苗肥用量应占总施肥量的 20%～30%，可分两次追肥。

（3）早施薹肥　随着春季气温的上升，冬油菜进入生长旺盛期，其营养生长与生殖生长同时进行，薹心和腋芽迅速伸长，叶片大量增加，花蕾不断分化，吸收养分较多，所以，在底肥和苗肥的基础上，早施薹肥非常重要。薹肥宜在现蕾至初薹期（薹高 10 厘米左右）施用，每公顷施硫酸铵 225 千克左右。

油菜是对微量元素十分敏感的作物，硼素不足时油菜花而不实。油菜缺硼的临界值是土壤中水溶性硼含量 0.3 毫克/千克，低于 0.2 毫克/千克时为缺硼，达到 0.4 毫克/千克时油菜生长正常。在缺硼土壤上种植油菜时，每公顷用 750～1500 克硼砂兑水 450～600 千克，于花前进行根外追肥，有明显的增产效果。

（4）巧施花肥　油菜开花结荚期较长，边开花边结荚。开花前肥料不足，容易发生花蕾脱落、早衰现象。当发现有脱肥征兆时，应及时补施少量氮、磷化肥。一般每公顷施硫酸铵和过磷酸钙各 15 千克，兑水 1500 千克，根外追肥。如薹肥充足，花期无明显脱肥现象，则不必追施花肥，特别是氮肥，以防贪青倒伏，导致减产。

第七节　谷子施肥技术

292. 谷子的需肥特点是什么？

谷子是密植作物，籽实和谷草营养均很丰富，植株繁茂，根系发达，并在土壤浅层伸展，需要从表层土壤中吸收大量养分。据资料介绍，每生产 100 千克春谷籽粒约从土壤中吸收氮 4.7 千克、磷 1.6 千克、钾 5.7 千克；每生产 100 千克夏谷籽粒约吸收氮 2.5 千克、磷 1.2 千克、钾 2.4 千克。谷子一生需肥的规律是：苗期和成熟期需肥较少，拔节至抽穗期需肥多；氮、磷、钾的比例大约为 2∶1∶2。

氮肥能促使茎叶繁茂、穗大粒多。谷子在拔节前由于苗小生长缓慢，吸收氮量很少。自拔节到穗分化期的一个月内，由于茎叶生长和幼穗发育同时进行，吸氮量迅速增加，此期氮素吸收量占全生育期吸收总量的 1/3。抽穗到开花期谷穗迅速生长，吸收氮量占吸收总量的 20%，以后对氮素的吸收很少。

磷肥能促进谷子生长发育和成熟。开花后磷肥充足有降低秕粒、增加千粒重的作用。谷子对磷素吸收最多的时期与氮素吸收最多的时期是一致的。拔节到穗分化期的吸收量占一生吸收总量的 50%，抽穗到开花阶段的吸收量约占吸收总量的 20%。

谷子生育前期，即幼穗分化阶段，从土壤中吸收的磷素大量积累在幼嫩的新生组织如茎、叶、幼根及幼穗中，开花灌浆以后籽粒中需要大量的磷素，主要是依靠前期植株中积累的磷素向籽粒中转移。所以生育前期的磷素营养条件对产量有重大影响。

钾肥能增强谷子茎秆的韧性、减少倒伏、提高抵抗力。同时还有促进养分向籽粒输送、增加籽粒重量的作用，谷子对钾素的吸收在抽穗前最多。

293. 氮、磷、钾三要素对谷子生长发育有什么影响？

氮是构成谷子植株体内蛋白质和叶绿素的主要成分。氮不足时谷子叶片小、叶色发黄、植株矮小、穗发育不良、穗小粒少产量低；相反，氮肥过多时谷子茎叶徒长柔弱、易倒伏，抗逆性差，晚熟，产量低。因此谷子一生中都需要维持一定水平的氮素营养。

磷是谷子生长发育的重要营养元素，在谷子生育各阶段都不能缺少，尤其是生育前期。生育前期缺磷时其叶色发红，根系弱，生长缓慢，致使穗小粒少秕粒多，所以施用磷肥最好在播种期或苗期。

钾对谷子茎秆的形成和籽粒灌浆的快慢都有影响，缺钾时叶色变黄、干枯，茎叶组织软弱，植株矮小，抗倒伏、抗病能力弱。谷子从拔节期开始，需钾量逐渐增加，抽穗后逐渐减少，因此钾肥也以播种时施足为宜。

一般地讲，春谷比夏谷对土壤养分的需要量多，尤其是对磷、钾的需要，往往随着产量的增加而增加。夏季是高温季节，夏谷生长速度比春谷快，所以对氮素的吸收量相对也较多。

294. 谷子怎样施种肥？

谷子施用种肥是一项经济有效的增产措施，在地力较差或者底肥不足的情况下，效果更为显著。种肥大多施用充分腐熟的农家肥料或者化肥。化肥最好是氮、磷肥或氮、磷、钾肥配合施用，每公顷施硫酸铵 75 千克、硝铵 37.5～52.5 千克或尿素 37.5 千克，配合过磷酸钙 75 千克左右。如用硝酸铵作种肥，可以直接与种子混拌播种。硫酸铵、尿素或过磷酸钙则要分别施肥和播种。人工点播田，前面点籽，踩底格子，再点肥，然后用拉子覆土。用三刀耧耙种谷子，可将当中一刀加深下肥，两侧也下种。耧耙种时可把种肥均匀撒到沟内；如果用耧播，要使肥、种隔离耧半或耧套种，使肥料和种子隔离，以防耧的播幅窄，化肥与种子接触紧密而烧伤种子。

295. 谷子怎样施基肥和追肥？

（1）基肥 谷子多在旱地种植，应在耕地时一次施入有机肥作基肥，一般有机肥用量 15～30 吨/公顷，过磷酸钙 600～750 千克/公顷。

（2）追肥 在谷子生育后期，叶面喷施磷酸二氢钾和微肥，可促进开花结实和籽粒灌浆。

第八节 高粱施肥技术

296. 高粱的需肥特点是什么？

高粱对肥料的反应非常敏感，而且吸肥能力很强，每生产 100 千克高粱籽实需吸收氮 2.6 千克、磷 1.36 千克、钾 3.06 千克，其比例为 1∶0.5∶1.2。合理施肥，满足高粱对营养的需要可以显著地提高产量。

高粱整个生育期对养分的需求可以分为三个阶段：

从出苗到第一片真叶展开前，主要是依靠种子中贮存的养分，以后随着幼根的出现和叶片的伸展，开始进行光合作用和从土壤里摄取养分。高粱苗期生长缓慢，吸收养分较少。从出苗到拔节期吸收的氮、磷、钾仅占各生育期吸收总量的 13.7%、12.0% 和 20.0%。但此期对养分却很敏感，苗期营养充足，特别是氮、磷充足，有利于根系生长，使根量增加，增强抗旱性。对于分蘖品种来说，加强氮素营养可促进分蘖。因此，于出苗后根据幼苗生长状况适时追肥是提高产量的重要措施。

高粱生育中期，是其生育最旺盛的时期，此时植株生长迅速、茎叶繁茂，对养分的需要量急剧增加。这一时期吸收养分的数量比苗期高三倍以上。从拔节到开花期对氮、磷、钾的吸收量占一生吸收总量的 63.5%、86.5% 和 73.9%，养分的分配重心由茎叶转为幼穗。所以这一阶段的营养条件是决定产量的关键。穗形成期氮、磷、钾都有重要作用。氮素供应充足时，可促使幼穗中形成更多的小穗，小穗中形成更多的小花。磷素充足可促进小花的形成、花粉和子房的发育正常，从而提高籽粒的重量。钾素在这个时期对于碳水化合物的形成和养分的运转有很大作用，能提高光合作用效率，并促进纤维形成，使茎秆坚韧、抗倒伏。

生育后期营养充足可使粒大而饱满。这个时期植株除了继续从土壤中吸收养分外，还依靠营养器官中积累的养分的转移。开花至灌浆阶段吸收的氮、磷、钾占全生育期吸收总量的 22.8%、1.5% 和 6.1%。在籽粒形成期适当供给氮素可提高籽实中蛋白质的含量，但北方地区过量施氮肥易引起高粱贪青晚熟。磷和钾对促进籽粒灌浆有良好作用，可使营养器官中的含氮化合物迅速转化和转移，形成籽粒的内含物。

297. 高粱怎样施用种肥？

过去种高粱多以优质的有机肥料作种肥，随着机械化的发展和化肥使用数量的增加，高粱的种肥已由单一的施用有机肥料改为有机肥料和化肥配合施用，或以化肥代替有机肥料。生产实践证明，高粱施用化肥作种肥是经济有效的，用肥量少，增产效果大，省工又方便。

高粱施磷肥作种肥有明显的增产效果；氮、磷肥配合施用比单独施用效果好。

种肥的施用方法是在播种时将肥料条施于播种沟的一侧，覆一层土以后播种。要注意不能使种子和化肥接触，以免影响种子发芽，或引起烧苗。

298. 高粱什么时期追肥好？怎样追肥？

根据高粱的生长情况适时追肥，是争取高产的主要措施之一，尤其是在基肥和种肥不足的情况下追肥更有必要。

高粱拔节以后，由于营养器官和生殖器官旺盛生长，植株吸收养分的数量急剧增加，这是其一生中吸收养分数量最多的时期。应用 ^{32}P 测定，高粱拔节期吸收的磷占一生吸收总量的 40.7％，为孕穗挑旗期的 2 倍，为开花灌浆期的 7 倍左右。沈阳农业大学的研究表明，高粱在拔节期，体内的硝酸态氮含量与产量呈正相关，可见改善拔节期营养的重要性。在拔节期或拔节前追肥，满足高粱拔梗与小穗小花分化对养分的需要，可显著增加拔梗与小花数，从而增加穗粒数。拔节期追肥不但能促进幼穗分化，而且能增进茎叶组织细胞分裂，使茎秆加粗，中上部叶片增大。

在生育期较长的地区，如果肥料数量多（每公顷 375 千克以上），或后期易脱肥的地块，应分两次追肥。两次追肥的数量分配应是前重后轻，即重施拔节肥，施肥量为总量的 2/3；轻施挑旗肥，以减少小穗小花的退化，增加结实粒数与粒重，并防止早衰。

追肥的方法，可根据种植密度采用条施或埯施法。条施是在距植株 6 厘米处开 10～13 厘米深的沟，施肥后覆土；埯施也要刨坑深施覆土，即使结合蹚地追肥，也要开沟或刨埯深施覆土后再蹚地，以免盖不上土而损失养分。

299. 怎样施肥能促进高粱早熟高产？

高粱对温度比较敏感，常因积温不足而不能正常成熟，特别是在北方一季作地区，采用科学的施肥措施对促进高粱早熟具有重要意义。生产上可采用的促早熟措施有两种，一是前期施磷肥，二是后期根外追施磷酸二氢钾。

高粱施磷肥作种肥在生育初期就有明显的促进生长发育的作用，施磷肥的幼苗健壮，叶大色深，根系发达，吸肥力强，干物质积得多，为拔梗分化和小穗形成创造了有利条件。施磷肥的高粱穗大、码密、籽粒重。

为了满足生育后期对磷的需要，在瘠薄地块或种肥不足的地块，拔节孕穗前应再追一次磷肥，以利开花授粉和籽粒灌浆。生育中后期喷施磷酸二氢钾，对高粱的后期生长发育和产量均有良好作用。磷酸二氢钾肥液的浓度为 0.01％～0.1％，喷肥时期在拔节期至孕穗期。

第九节　棉花施肥技术

300．棉花的需肥特点是什么？

棉花是生育期长、需肥较多的作物，生育过程可分为苗期、蕾期、花铃期、开絮期四个时期。据河北省资料，每公顷产量超过1500千克皮棉需吸收氮（N）180千克、磷（P_2O_5）60千克、钾（K_2O）180千克，氮、磷、钾的比例大致是 3∶1∶3，吸收量约为禾谷类作物的 5～6 倍，为油料作物的 2～3 倍。

棉花出苗至现蕾阶段所需养分约占全生育期吸收总量的 10%，现蕾至吐丝阶段占 60%，吐絮至成熟期约占 30%。不同生育阶段棉花吸收各种养分占全生育期中吸收总量的百分率：出苗至现蕾阶段，氮为 8%～10%，磷为 2%～6%，钾为 2%～3%；现蕾至开花期，氮为 53%～76%，磷为 25%～29%，钾为 17%～20%；开花至成熟期，氮为 16%～37%，磷、钾分别为 65%～73%、77%～81%。在棉花整个生育期中，从现蕾到开花期吸收氮最多，开花以后则大量吸收磷和钾。

301．棉花施用磷肥作种肥有什么作用？

用过磷酸钙等磷素化肥作种肥施用，对棉花的生长发育有重要作用：一方面能早发苗、壮苗；另一方面能促进棉根充分发育，增强棉花的抗旱能力，使棉苗长得敦实健壮。据山西省运城地区试验，施磷肥作种肥的棉株有 33 条根，侧根长 29 厘米；不施磷肥的为 26 条根，侧根长 26 厘米。据江苏棉区资料，用 5%（占种子干重的百分数）的过磷酸钙拌种，棉花根数增加 10%。施用磷肥作种肥，不但在苗期表现有良好的效果，而且肥效可延续到以后各个生育期。

在土壤中有效磷含量低又不施用磷肥时，棉花幼苗生长缓慢，干物质积累少，缺磷棉株的干物质重量仅为正常植株的 40%～50%。

棉苗出土后 10～20 天，也就是棉苗出现第一、二片真叶的时期，是棉花营养的临界期，此期棉苗尤其是对磷最为敏感，施用磷肥作种肥能及时地满足棉苗对磷素营养的需要，不但幼苗长得好，而且有加速棉铃成熟和提高种子含油量的作用。

302. 怎样根据棉花的生长发育特点合理施肥？

棉花的生长发育特点之一，就是营养生长和生殖生长重叠时间长。从现蕾到吐絮阶段，营养生长和生殖生长并进时间长达 70～80 天之久。因此，棉花施肥必须做到既满足根、茎、枝、叶对营养元素的需要，为棉花丰产建造足够的营养体，又要使棉株营养生长和生殖生长协调发展，方能保证优质高产。

首先，应用足够数量的有机肥料作基肥，配合施用磷肥作种肥，满足苗期营养临界期对养分的需要。苗期生长重心是长茎叶，根据苗情适当追施速效性氮肥作提苗肥，对培育壮苗十分有利。地势低洼、基肥较少和化肥用量不足的棉田，中后期容易出现脱肥早衰现象，应重视早追提苗肥，以利早发壮棵。肥力较高、基肥较足的高产棉田，苗期不主张追肥，仅采取中耕措施，促使棉苗生长敦实、根系发育良好。

现蕾以后，植株开始从营养生长期向生殖生长期过渡，此期仍以营养生长为主，棉株现蕾期干物质积累较快，吸收营养元素（尤其是氮）的数量逐渐增多。我国棉农的施肥经验是稳施蕾肥。这一时期的施肥要点是既要满足棉花营养生长和增枝（果）、增蕾对养分的需要，又不致使土壤中积累过多的速效性氮，导致雨季（开花期）棉株徒长。

从初花到盛花阶段，正是棉花营养生长和生殖生长的旺盛时期，所以是棉花吸收养分最多的时期，当棉田有少数棉株开始结铃时，应施用氮肥以利于棉铃的形成和发育。

为了保伏桃，争秋桃，增加铃重，提高产量，一般中等肥力棉田可根据棉株长势适当补施秋桃肥，但追施的氮肥不能过多，时间不宜过晚。

南方一些棉田，土壤供钾水平低，在生育后期，棉株由于缺钾，常呈现生理性的红叶茎枯病，使铃重减轻，纤维变短，拉力减弱，这类土壤还应施用钾肥。高产棉田，在施用有机肥和氮、磷肥的基础上再施用钾肥，也可进一步提高产量。

303. 棉花苗期追肥应掌握什么原则?

棉花苗期追肥的原则应当是"早、长、轻"。"早"是因为前期温度低,棉苗吸肥力弱,早施苗肥可促使棉苗健壮生长。"长"是要施用肥劲大的人粪尿类有机肥料,并混入少量速效性化肥或长效化肥,使棉苗不断地、均衡地吸收养分。"轻"是苗肥用量宜少,使棉苗壮而不衰、旺而不狂。

湖北地区应早施苗肥、带肥中耕,结合深中耕每公顷施化肥75～150千克、人粪尿11250～15000千克,以促使棉苗健壮。陕西省旱地棉田应一出苗就追化肥,水浇地在定苗后每公顷追化肥75千克左右,追肥要深施10厘米左右,穴施、沟施或耧施。深施很重要,群众说得好:"开沟一条线,棉花桃儿结成串"。

304. 棉花施花铃肥有什么作用?

花铃肥是指盛花期的一次追肥,就是当棉株下部结一两个棉铃时,重施一次棉铃肥,为棉花伏期早结桃、多结桃、集中结桃、减少蕾铃脱落创造良好的物质基础。花期以后,棉桃开始大量形成,下部果枝已带桃,此时重施花铃肥通常不会引起徒长。肥沃的棉田,追肥前先进行中耕,断一部分侧根,然后追肥,防止徒长,做到"促中有控"。

花铃期棉花适时合理施肥的经验是:"促苗长蕾控初花,盛花狠促把桃抓"。三类苗,见花就施;二类苗,初花期施;一类苗,盛花期每株一两个桃时施;移栽棉,适当早施。花铃期根扎得深,根尖离地面较远,肥料要施在离根10～15厘米、深6～10厘米的地方。花铃肥的适宜追肥量为每公顷施硫酸铵150～225千克、尿素75～150千克。

305. 钾对棉花有哪些生理作用?

棉田缺钾最易引起早衰。严重缺钾的棉株,甚至提前50～60天凋萎,导致单位面积铃数减少,铃重降低而减产。

钾又能促进根系生长发育、苗壮早发。据三叶期测定,施钾的单株根数比对照区多4.7根,地上部百株苗干重比对照区高6.5克,提前一天现蕾,现蕾数比对照区多 0.6 个。

钾还能促进光合作用,增加蕾期干重,提高含糖量。据调查测定,棉花蕾期施钾肥,干重比对照区的高 0.11 克,含糖量比对照区高 0.5%。

钾肥能增强植株活力、抗病能力和增加铃重。施钾肥的棉株未发现病铃,种子空秕率比对照区减少 11%,而施氮肥或施磷肥的,空秕率仅比对照区低 7% 和 5%。

306. 棉花在哪些土壤上容易出现缺硼症状?怎样施硼肥?

棉花在第四纪红色黏土母质发育的红、黄壤,以及由片麻岩母质发育的砂泥土、冲积土、湖积土上容易发生缺硼症状。棉花发生蕾而不花症状的土壤有效硼含量,8 月的测定值低于 0.18 毫克/千克,9 月的测定值低于 0.2 毫克/千克。

棉花发生蕾而不花的时间,在红砂土上是 7 月 20 日左右,在砂泥土上是 8 月中旬。8 月中旬以前发病的多数是整株发病,8 月中旬以后发病的多数是棉株上部叶片萎缩,中下部多少结几个桃,成片地出现整株蕾而不花的较少。

棉花施用硼肥的方法有:

(1) 基肥 一般每公顷施硼酸 3000 克左右。为了能施得均匀,可同磷肥混合后一起施。

(2) 拌种 用 0.1% 的硼酸溶液拌种。

(3) 浸种 用 0.02% 硼酸溶液浸种 5 小时左右。

(4) 根外追肥 用 0.1% 的硼酸溶液,苗小时每公顷喷 225~375 千克,随着棉苗的长大,用量逐渐增加,最多到每公顷 750 千克左右。

307. 棉花缺硼表现哪些症状?

(1) 株型

① 矮化型 在土壤严重缺硼的条件下(土壤速效硼含量 <0.1 毫克/千克),棉苗植株矮小,称为矮化型。矮化型棉苗依土壤速效硼含量状况而有两种情况:

一种为早期多头型:极严重缺硼时,棉苗子叶小、色深、肥厚,在子叶期生长点受阻,当真叶出现后,迅即可见顶芽死亡、侧芽发出，早期即形成多头棉，真叶很小，侧枝多，所以总叶片数多于硼营养正常的棉株。

另一种为中后期多头型：严重缺硼时，一般能正常出现真叶，开始的真叶大、肥厚、暗绿色、很脆，盛蕾期后，上部叶片变小、萎缩，侧芽发生，形成多头棉。

② 高主茎型　在土壤速效硼含量为 0.1～0.5 毫克/千克的条件下，棉苗植株变高，超过正常硼营养的棉苗，称为高主茎型。高主茎型的棉苗在外表上一般正常，有的果枝节位增高，有时在出现果枝后又出现叶枝，形成果枝和叶枝的交互错乱出生。有时也由于腋芽丛生而形成多头棉。

（2）叶柄　缺硼叶柄比正常的短而粗，表面粗糙多毛，有浸润状环带，环带外观绿色，环带处的组织肿胀，凸起叶柄呈结节状，与环带相应的髓部变白，严重时变褐坏死，个别叶柄的外部开裂。

（3）蕾　大田栽培和土培棉花能现蕾，蕾易脱落，脱落前往往苞叶开张，似被虫蛀状。如果将棉花进行水培，从一开始缺硼，棉苗不现蕾，在正常营养液培养 40 天后缺硼，棉苗能现蕾，蕾易脱落。

（4）花　在严重缺硼时，由于严重落蕾，开花较少。偶有开花，花很小，花口不张开，整个花冠被苞叶包着，由白变红。花粉生活力差，严重时，花粉粒完全没有生活力。

（5）幼铃及成桃　幼铃较少，也易脱落，成桃很少，幼铃和成桃往往较尖，呈挂钩状。

（6）果枝及果节　果枝数一般不少，果枝不易伸长，易现蕾、脱落，每株果节数多，果节短。

308. 棉花蕾而不花的原因是什么？

（1）棉花蕾而不花的原因　棉花蕾而不花的原因主要是缺硼。华中农业大学对棉花分别施用磷、钾肥，并用镁营养元素和硼、锰、钼、锌等微量元素作根外喷施，发现硼对防治棉花蕾而不花有突出的效果，棉苗叶形、株型正常，也保蕾保桃。棉花单株成桃数，喷硼的为6.05 个，比喷水的对照 0.83 个净增 628.9%，这在生产实践和田间试验中得到了证实。根据土壤速效硼在 0.2 毫克/千克以下的 23 块田间试验结果统计，施硼的每公顷籽棉产量为 1428 千克，比不施硼的对照

378 千克增产 1050 千克，增产率达 277.64%，而施用镁、锰、钼、锌等微量元素的处理无效或收效甚微。这些事实充分证明，土壤缺乏速效硼是棉花蕾而不花的根本原因。每公顷只要施用 2.25～3.75 千克硼肥，就可以防治棉花蕾而不花，棉花产量成倍增长。

(2) 棉花蕾而不花的土壤速效硼含量的临界指标　根据华中农业大学三年测定的 67 个土壤样品，棉株出现蕾而不花的 30 个，棉株生长正常的 37 个。分析结果统计：在出现蕾而不花的 30 个样品中，速效硼含量 < 0.2 毫克/千克的，占总数的 93.3%；速效硼含量 > 0.2 毫克/千克的，占总数的 6.7%。而在棉株生长正常的 37 个样品中，速效硼含量 > 0.2 毫克/千克的，占总数的 97%，速效硼含量 < 0.2 毫克/千克的，占总数的 3%。上述结果表明：棉花蕾而不花的症状，一般都是出现在速效硼含量 < 0.2 毫克/千克的土壤上，当土壤速效硼含量 > 0.2 毫克/千克（0.315 毫克/千克、0.361 毫克/千克）时棉株生长发育正常。初步认为，土壤速效硼含量 0.2 毫克/千克是棉花蕾而不花的临界指标。

309. 棉田怎样合理施用硼肥?

(1) 施肥方法　硼肥可以在播种时沟施，每公顷约施 6 千克硼砂，事先与 225～375 千克细土或过磷酸钙等化肥充分混合均匀，然后施在播种沟内，注意避免接触种子或在种子的正下方，以利于发芽和幼苗生长。硼肥也可以作根外追肥，每公顷约需施 2.25～3.75 千克硼砂。在棉花苗期往土壤中追施硼肥，效果很好，将硼砂先用少量水仔细溶解后再加水，在距棉苗 10 厘米左右处开沟施下。

(2) 施肥时间和次数　棉花的硼营养临界期在蕾期前后，所以追硼的时间一定要在这一时期之前，进行一次或两次追肥。生产实践证明，在严重发生棉花蕾而不花的田块，从棉花蕾期开始第一次喷硼肥，以后每隔 20 天左右再喷一次，连续 3～5 次，可以获得棉花"三桃"（伏前桃、伏桃和秋桃），夺取棉花高产。湖北省天门市试验认为，对潜在缺硼棉田，如喷两次硼肥，以蕾期喷第一次、花铃期喷第二次效果较好。

(3) 根外追肥　硼砂含硼 11.3%，喷施不同浓度硼砂水溶液的田间试验结果表明，不喷硼的棉花严重蕾而不花，每公顷产籽棉

16.8 千克；喷 0.1％浓度的硼砂水溶液，蕾铃脱落严重，成桃很少，每公顷产籽棉 615.9 千克；喷 0.2％浓度的硼砂水溶液，棉苗外形正常，每公顷产籽棉 1441.6 千克；喷 0.5％和 1％浓度的硼砂水溶液，棉苗外形也正常，籽棉每公顷产量依次下降为 1222.5 千克、1026 千克。故以喷施 0.2％浓度的硼砂水溶液效果最好。硼酸含硼量 17.5％，喷 0.1％浓度的硼酸水溶液效果很好。

喷硼肥，可以快速喷雾。在 6 月底以前，棉苗小，每公顷喷 225～375 千克水溶液；7 月份，每公顷用 525～600 千克水溶液；8 月份，每公顷用 750～900 千克水溶液。

第十节　甜菜施肥技术

310. 甜菜的需肥特点是什么？

甜菜是需肥多、吸肥时间长、吸收营养全面的作物。据试验，甜菜吸收氮、磷、钾的数量，比禾谷类作物分别多 2 倍、1.25 倍和 3 倍。生产 500 千克块根需 2.5 千克氮、0.9 千克磷和 7.5 千克钾。

甜菜在苗期由于植株矮小，根系不发达，吸肥能力弱，吸收营养物质仅占一生吸收总量的 15％。甜菜叶丛繁茂期和块根糖分增长期是形成地上部营养器官和地下部贮藏器官的关键时期，需要大量的养分，吸收氮、磷、钾分别占全生育期吸收总量的 65％、40％和 47.5％。因此，在叶丛繁茂期需追施速效性肥料，尤其是氮肥。糖分积累期地上部和块根的增长都比较缓慢，对氮的需要量相应减少，而由于糖分形成和向块根输送需要大量的磷、钾。这个时期吸收的磷占一生吸收总量的 45％，钾占 37.5％。在糖分积累期根外追施磷、钾肥，对提高含糖率有良好的作用。

甜菜还应适当补充施用含钙、硼、锰等元素的肥料。

311. 氮、磷、钾对甜菜的生长发育和产量有哪些作用？

氮素既是构成蛋白质的主要成分，又是与甜菜新陈代谢有关的酶、维生素以及叶绿素、核酸等不可缺少的成分。因而，施用氮肥能促进甜菜叶丛生长，加速叶绿素形成，提高叶片的生活能力，预防过早衰老，提高光合作用强度，从而提高产量。据试验，每千克氮素可增产甜菜块根 100 千克左右。

甜菜缺氮时生长受到抑制，植株矮小，叶呈淡绿色，继而老叶发黄而枯死。但是，氮肥的用量也不能过多，氮肥过多时引起碳氮比例失调，叶丛徒长，块根产量降低，含糖量也降低，而且还会减弱甜菜的抗病能力。

磷素与细胞的伸长、增殖和遗传有密切关系。磷还参与光合作用过程中蔗糖的形成和转运。磷又能提高甜菜细胞中束缚水的含量，从而提高其抗旱、抗寒和抗病能力。

甜菜缺磷时叶丛生长缓慢，植株矮小，叶片瘦小。严重缺磷时叶缘产生紫红色斑点，逐渐扩大、干枯而死亡。在缺磷土壤上增施磷肥，甜菜的产量和含糖量均有明显增加。

钾是甜菜生长发育不可缺少的元素，也是甜菜吸收最多的元素。钾直接参与甜菜体内的代谢过程，作为酶的活化剂，提高代谢机能。酶又能促进光合作用产物的转化和运输，从而提高块根的产量和含糖量。钾能加速蛋白质的合成作用，使根中不积累过多的可溶性氮，从而提高甜菜的工艺品质。施用钾肥能促进甜菜输导组织的正常发育，加强作物吸水力和保水力，增强其抗旱、抗寒能力。

甜菜缺钾时，老叶先变长和变宽，叶缘卷曲下垂，然后心叶逐渐变黄凋萎。根的发育不良，容易腐烂；钾肥如过多，块根易木质化，致使加工困难。

312. 甜菜需要哪些微量元素？

甜菜的生长发育过程中，除需要氮、磷、钾等大量元素外，还需要硼、铜、锰、锌等微量元素。

甜菜植株中含钙较多，其占叶子鲜重的 0.17%，占根鲜重的 0.06%，是甜菜重要的营养元素之一。我国甜菜的主要产区，北方地区土壤含钙比较丰富，基本上可以满足甜菜对钙的需要。随着甜菜产区的不断扩大和南移，在某些南方土壤，特别是酸性土壤上种植甜菜，有时含钙素不足，应注意施用石灰等钙肥。

硼虽然不是甜菜的主要成分，但在甜菜生长发育过程中起重要作用。硼能改善甜菜的新陈代谢，促进糖分积累。甜菜缺硼会发生心腐病。在酸性土壤上，甜菜特别容易缺硼，施用硼肥增产效果显著。

锰的作用主要是刺激生长点形成新组织，并促进光合作用，加速植株生长。缺锰时，甜菜叶中叶绿素的含量显著降低，致使产量降低，品质变劣。在盐碱土上锰的有效性很低，种植甜菜施用锰肥有良好的增产效果。

微量元素肥料作基肥、浸种、喷肥（即根外追肥）都可。作基肥时将微肥与磷肥混合，于移栽或播种时施用。

313. 甜菜怎样施肥？

甜菜施肥应掌握"基肥深施，种肥条施或埯施，追肥巧施"的原则。

基肥是甜菜施肥的主要部分，基肥施得好，可以保证整个生育期对养分的需要。基肥多以优质有机肥料为主，有机肥料除满足甜菜对各种养分的需要外，还能改善土壤的物理性质，疏松土壤，促进甜菜块根的发育。基肥的施肥量大时可于翻地前施肥，优质有机肥料也可以于起垄前条施。

甜菜苗期根系不发达，吸肥能力弱，播种时施入适量的化肥，可以满足甜菜苗期对速效养分的需要，促进幼苗健壮生长。种肥应以速效磷肥为主，磷能促进根系发育和幼苗生长，同时可增强植株抗病力、抗寒力。盐碱土地区种植甜菜，用磷肥作种肥还可提高保苗率。种肥一般每公顷施过磷酸钙150～300千克。基肥不足的地块还可以适当配合少量氮肥。为了避免化肥伤害种子，提倡有机肥料和化肥配合施用，将化肥和有机肥料一起制成有机-无机混合粒肥作种肥施用，既可减少化肥与种子的接触，又便于机械化施肥。

追肥主要是补充甜菜叶丛繁茂期地上部和地下部同时迅速生长对养分的消耗。追肥以氮肥为主，适当配合磷肥。追肥的次数根据地力、基肥和种肥的施用情况，以及植株的生长状况确定。一般以两次追肥为好，第一次在定苗后，每公顷施硝酸铵112.5～150千克，但要注意追肥时期不要过晚。施肥部位以距植株3～5厘米为宜，要刨埯或开沟深施覆土。用机械追肥和中耕一次作业更好。有灌溉条件的，追肥后立即灌水可充分发挥肥效。

甜菜生育中后期，还可采用根外追肥方法补充后期营养。

314．甜菜怎样根外追肥？

甜菜和其他作物一样，不仅能用根吸收养分，还能借叶子上的角质层气孔和细胞将营养液扩散到体内。根外追肥能显著提高甜菜的光合作用强度，促进甜菜的生长和糖分的积累。

根外追肥的时间，多在甜菜块根糖分增长期和糖分积累期（封垄至收获前一个月）。在某个生长期呈现缺乏某种元素的症状时，也可采用根外追肥的方法，补施缺少的营养元素，消除饥饿症状。

根外追肥喷施的肥料溶液浓度：硫酸钾用 $0.6\%\sim1.0\%$ 的溶液，过磷酸钙用 $2\%\sim3\%$ 浸出液，微量元素用 0.1% 的硫酸铜、硫酸锰、硫酸锌、钼酸铵、硼砂溶液。

根外追肥喷洒肥料溶液的数量因甜菜叶丛繁茂程度而异。要以溶液能充分地附着在甜菜叶片上而又不滴落到地面上为原则，一般每公顷喷肥液 $750\sim900$ 千克。

收获前喷施磷、钾化肥溶液既能补充营养，加强叶子合成蔗糖的能力，又可以加快叶中糖分向块根输送和贮积，提高产量和含糖量。

315．甜菜的耐氯临界值是多少？

氯作为一种植物所必需的营养元素早已被确认，但甜菜被认为是忌氯作物，不宜施用含氯化肥，如果过多地施用含氯肥料会对甜菜产生不良影响，降低甜菜的含糖率。对含氯化肥的深入研究明确了氯对很多作物的生长发育有促进作用，且有增加产糖的作用，认为甜菜是相当耐氯的作物。为此，通过试验探讨了氯对甜菜生长发育及产量品质的影响，试验表明，不同的氯离子浓度对甜菜出苗没有产生明显影响，从甜菜生长情况看，在苗期氯离子浓度达到 1600 毫克/千克时开始明显地对甜菜生长产生抑制作用，其植株生长矮小，根长，干、鲜重明显减少；但到生育中期时这一影响开始减弱，各处理逐渐趋于一致；到生长后期，从地上部长势看，氯浓度越高，其长势越旺盛，看不出氯对甜菜生长有抑制作用。说明高浓度的氯在甜菜生长前期有抑制作用，后期这种抑制作用消除，而且对甜菜的生长有促进作用；甜菜苗期耐氯能力弱，后期耐氯能力强。

氯对甜菜具有明显的增产作用：氯含量 200～1600 毫克/千克处理的比对照增产 12.1%～45.2%，以 600 毫克/千克最好，其次是 800 毫克/千克，从各处理甜菜含糖率看，施氯不但没有降低含糖量，而且氯含量在 200～400 毫克/千克时，甜菜含糖率还有增加的趋势。

第十一节　花生施肥技术

316. 花生的需肥特点是什么？

花生是含油分和蛋白质较多的作物。增施肥料不仅能提高花生的产量，还能改善花生的品质。花生需要的养分主要有氮、磷、钾、钙四种元素。

氮肥能促进花生枝多叶茂、多开花、多结果。磷肥能促进花生生根、开花、荚果成熟、籽粒饱满，并能增强其抗寒和耐涝能力。钾肥能促进花生发棵壮秧。钙肥能促进花生根系发育，利于荚果形成、减少空壳、提高饱果率。

花生是豆科作物，根部生有根瘤，能固定空气中的氮。花生一生中需要的氮，2/3 是由根瘤菌固定的。

为获得花生高产，单靠根瘤菌固氮和土壤养分是不够的，必须增施肥料。据测定，每公顷产 2250～3750 千克花生荚果，要吸收氮素 150～255 千克、磷素 30～45 千克、钾素 75～150 千克。

花生的吸肥能力很强，除根系外，果针、幼果和叶子也都直接吸收养分。

花生苗期需要的养分数量较少，氮、磷、钾的吸收量仅占一生吸收总量的 5%左右。开花期吸收养分数量急剧增加，吸收的氮占一生吸收总量的 17%，磷占 22.6%，钾占 22.3%。结荚期是花生营养生长和生殖生长最旺盛的时期，茎叶生长加快，并有大批荚果形成；也是吸收养分最多的时期，氮的吸收量占吸收总量的 42%，磷占 46%，钾占 66%左右。饱果成熟期植株生长逐渐缓慢，吸收养分的能力渐渐减弱，这一阶段吸收的氮约占吸收总量的 28%，磷占 22%，钾占 7%左右。

317. 花生怎样施肥？

花生施肥最好是有机肥料和化学肥料配合施用。有机肥料主要用作基肥，或播种时集中施于播种沟或穴内；化学肥料主要作种肥或追肥施用。

施用磷肥对花生有显著的增产效果，不仅能提高花生荚果产量，还能提高果仁的品质。磷肥最好作种肥条施或穴施。为防止磷素被固定而失效，可将磷肥与优质圈粪堆沤后施用，一般每公顷施 $150 \sim 225$ 千克过磷酸钙或 $225 \sim 300$ 千克钙镁磷肥。在十分瘠薄的沙土地上，每公顷再增施 75 千克硝酸铵或 120 千克碳酸氢铵，更能促进磷肥发挥肥效。肥力较高的地块，在施足基肥和种肥的情况下可以不追肥，但基肥和种肥少的花生田，则应根据地力和苗情进行追肥。

追肥的时期最好在初花期前后，宜早不宜晚，最好不迟于开花盛期。追肥根据土壤情况追施氮肥、磷肥或钾肥，在缺钙土壤或偏酸土壤上，还应适当追施石灰或石膏。但在盛花期后不可过量追施氮肥，以免影响根瘤的固氮活动或造成徒长晚熟。

第十二节　甘蔗施肥技术

318. 甘蔗的需肥特点是什么？

甘蔗对氮、磷、钾的吸收量都很大，而且对钾的需要量大于氮、磷。每生产 5000 千克甘蔗吸收氮（N）11.5 千克、磷（P_2O_5）7.2千克、钾（K_2O）13.3 千克。

甘蔗一生可分为苗期、分蘖期、伸长期和成熟期四个阶段。在不同生长阶段其吸收氮、磷、钾的状况不同，各个阶段的营养条件都会影响蔗茎产量、含糖率和蔗汁品质。

（1）发芽出苗阶段　苗根和真叶虽然不断增生，但吸肥量很少，氮、磷、钾的吸收量都不到一生总吸收量的 1%，主要是靠种苗贮存的营养物质。该时期需氮量比磷、钾多一倍左右。

（2）分蘖阶段　甘蔗主苗长出 $7 \sim 8$ 片真叶，初生分蘖萌动出土直至主苗开始拔节，蔗田基本封行荫蔽，分蘖才告结束。此期吸肥量仍不到一生总吸收量的 1％，可是吸收强度大、效率高。适量地增施氮肥可提高分蘖率及抗旱能力。

（3）伸长阶段　甘蔗伸长阶段需肥量大大增加，吸收氮量为一生总吸收量的 50％ 以上，吸收磷、钾多达 70％ 以上。伸长阶段的始期是重点施肥期，而磷、钾肥宜适当提前施。

（4）成熟阶段　甘蔗与其他作物不同，成熟初期仍需增施肥料，以满足后期成熟阶段植株各营养器官代谢的需要，该阶段氮的吸收量高达 40％，磷 24％，钾 15％。

319．氮、磷、钾对甘蔗的生长发育有什么影响？

（1）氮　氮能促进甘蔗茎叶生长，增加分蘖，提高植株抗旱能力。植株含氮量增加，又能促进钙的吸收。氮和钙可增进转化酶的活性，从而促进糖分的形成。但如氮素过多，则茎叶徒长，影响有效分蘖，蔗汁水分含量增加，产糖率低，纤维含量低，易倒伏。甘蔗施氮多还易因遭受病虫害而减产。

甘蔗所吸收的氮素，多集中在幼嫩器官中，尤其以分生组织的梢头部、新叶叶片等含量最多。所以，在田间剥叶时，要将青叶留下，以便养分再利用。

（2）磷　磷素有促进分蘖、节间伸长、扩大茎径、增加叶面积等作用，磷素还能促进甘蔗成熟，提高含糖量。施用磷肥又能提高植株抗旱能力，加速其对氮、钾、钙的吸收。但是施磷过多造成氮、磷失调，也会引起根系发达，而地上部蔗茎不能相应增加的非常现象。

（3）钾　钾是甘蔗体内转化酶的活化剂，能促进单糖转变为蔗糖。增施钾肥可使蔗茎坚硬，增强植株抗病、抗虫、抗害、抗旱及抗倒伏能力。

320．甘蔗怎样施肥？

甘蔗在生长过程中，根系随着培土不断向上增生，根群不断扩大、上移。为了满足新根吸肥的需要，肥料也应结合培土分层、分次施用。

（1）氮肥的施用　我国蔗区土壤多缺氮，从广东省几个主要蔗区施氮肥效果来看，每公顷施用氮素 75～225 千克，一般增产 20％～30％，最高可达 2.3 倍，每千克氮素约增产蔗茎 100～280 千克。

甘蔗具有生长期长、营养期也长的特点。一般从萌芽末期开始追施氮肥，分蘖盛期至伸长盛期为重点施肥期，但施肥期不应迟于收获前一个月。农民将其总结为"两头轻，中间重""勤施、薄施、旱天液施、重点多施"的所谓"三攻一补"追肥法：一攻是攻壮苗，在苗期至分蘖初期施肥；二攻是攻蘖，分蘖初期至盛花期施肥，促使分蘖齐、匀、壮，提高成茎率；三攻是攻茎，在分蘖盛期至伸长盛期施肥，促主茎、保分蘖、促新根、发新芽，此期是重点施肥期，施氮量要多，要及时；一补是在甘蔗进入经济成熟期，气候仍有利于伸长的情况下，酌情补肥，争取得到更多产量。

（2）磷肥的施用　我国蔗区，甘蔗施用磷肥已成为行之有效的增产措施。甘蔗对当年施用的磷肥吸收利用率低，但对来年宿根蔗残效仍然较大。据测定，广东蔗区，每公顷施过磷酸钙 450 千克，磷的当年利用率不足 10％，但对来年宿根蔗增产效果却很显著。

甘蔗植株有效利用氮、磷的配合比例为 2∶1 或 3∶1。在甘蔗成熟初期用 2％过磷酸钙水溶液根外追肥，可促进早熟并提高含糖量。

（3）钾肥的施用　我国蔗区土壤含钾量一般来看并不太低，但由于甘蔗吸收钾量特别多，又长期没有补充，所以钾肥已成为蔗区限制产量提高的主要因素之一。施用钾肥平均增产 10％～20％。

蔗区常用的钾镁肥一般每公顷施 450 千克左右，窑灰钾肥每公顷施 450～750 千克，硫酸钾每公顷施 150 千克左右。作基肥或早期追肥效果较好，也可分次施用，但最后一次追肥应在甘蔗伸长初期施用。

第十三节　向日葵施肥技术

321．向日葵的需肥特点是什么？

向日葵的吸肥能力很强，对养分的消耗量远远大于粮食作物。食用型向日葵每形成100千克籽实要消耗纯氮 6.22 千克、五氧化二磷 1.33 千克、氧化钾 14.60 千克；油用型向日葵每形成 100 千克籽实要消耗纯氮 7.44 千克、五氧化二磷 1.86 千克、氧化钾 16.6 千克。可是生产上往往把向日葵种植在瘠薄地块上，或田边地角，多不注意施肥，因而向日葵长不起来，产量低。

向日葵消耗养分最多的时期为繁殖器官形成期和开花期，这两个时期是向日葵需肥的关键时期。氮在向日葵生育前期有重要作用，但氮素过剩或磷、钾不足，会导致茎叶繁茂、结实率低。氮肥过多还会降低籽实含油率。从蕾期到花期，向日葵的吸氮量约占整个生育期吸收总量的 1/3；如以花期为界，在此前吸氮量已占整个生育期吸收总量的 70%，其余的 30% 是在开花以后缓慢吸收的，可见从现蕾至开花是向日葵旺盛生长发育的时期，也是集中需氮的时期。磷能促进向日葵根系发育、促进早熟并改善品质；向日葵对磷的吸收，不像氮那样有个高峰期，而是持续增长。向日葵是需钾较多的作物，吸收钾的速率比较均衡，从苗期、蕾期到花期、成熟期均为 25% 左右，钾素无论是对向日葵营养体的生长，还是对其生殖器官的发育都有重要作用。

322. 向日葵怎样施肥？

根据向日葵吸肥能力强、需肥数量多的特点，要施足种肥并配合追肥。

基肥的施用量一般每亩 15000～20000 千克有机肥，切忌使用生粪，以免烧苗或造成后期贪青徒长，降低产量和质量。施用方法有条施、撒施、穴施三种，其中基肥集中条施，肥料靠近向日葵根系。条施是施肥前把肥料搞细，随耕地把肥料施入犁沟内。撒施是在耕地前把肥料均匀撒在地面，然后耕翻入土内。穴施一般是在肥料较少的情况下集中施肥。

在种肥的用量上应根据各地经验，衡量土壤肥力水平、基肥用量多少、栽培方式不同而定。土壤肥沃，基肥用量又多，可少施种肥；地力瘠薄，基肥用量又少，应增加种肥数量。用氮素化学肥料，一般每亩施纯氮 1.5 千克左右；用磷素化学肥料，每亩施纯磷 2 千克左右；用钾素化学肥料，每亩施纯钾 3～5 千克。

作追肥的肥料包括尿素、硝酸铵、碳酸氢铵、氯化钾以及腐熟的人粪尿、草木灰等。追肥时间一般根据土壤供肥能力、气候条件和施用基肥、种肥的数量而定，但主要是根据向日葵不同生育时期和需肥情况来确定。一般在 7～8 对真叶和花盘 3 厘米左右时各追施一次氮、钾肥。追肥方法可分条施和穴施两种，但主要是穴施。在距向日葵基部 6～10 厘米处开穴，然后施入肥料，随即覆土。一般施用量为每亩施尿素 10～15 千克、硝酸铵 13～18 千克、过磷酸钙 20 千克、氯化钾 25 千克。

第十四节　烟草施肥技术

323. 烟草的需肥特点是什么？

据测定，生产 100 千克烟叶需要氮素 3 千克、磷素 1.5～2.0 千克、钾素 5～6 千克。烟草有春烟（烤烟）和夏烟之分，其整个生育期在栽培上分苗床期和大田期两个阶段。

春烟的苗床阶段在十字期以前，该期需肥较少；十字期以后其需肥量逐渐增加，以移栽前 15 天内需肥量最多。这一时期吸收的氮量约占当时植株吸收氮总量的 68.4%，吸收磷量约为吸收磷总量的 72.7%，吸收钾量约占吸收钾总量的 76.7%。

大田阶段，在移栽后 30 天内吸收养分较少，此时吸收氮、磷、钾量仅占一生吸收总量的 6.6%、5.0% 和 5.6%。大量吸肥的时期是在移栽后的 45～75 天，这一时期吸收氮量为吸收氮总量的 44.1%，吸收磷量为吸收磷总量的 50.7%，吸收钾量为吸收钾总量的 59.2%。此后各种养分的吸收量都逐渐下降，但植株对磷的吸收在最后一次采收前半个月内又稍有上升，为吸收磷总量的 14.5%。大田阶段需肥状况的总趋势是前期少、中期多、后期又少。

烟草对氮、磷、钾的吸收比例在大田前期为 5∶1∶(6～8)，现蕾期为 (2～3)∶1∶(5～6)，成熟期为 (2～3)∶1∶5。也就是说，烟草对氮和钾的吸收量较大，而磷稍小。

夏烟的需肥规律与春烟基本相同，对养分的最大吸收期也在现蕾前后，约在移栽后的 26～70 天，以后逐渐下降，采收前 15 天对磷的吸收量又趋上升。

324. 氮、磷、钾肥对烟草有哪些生理作用？

氮素是决定烟草产量和品质的重要因素。氮能促进烟株生长，扩大叶面积，提高光合强度，增加干物质积累。氮肥施用适当，可使叶片厚度适中、品质提高；氮不足，则植株矮小，生长迟缓，茎细长而叶片瘦小，色泽淡，产量低，品质差；氮过多，则成熟迟，植株高大，叶片肥厚，筋脉粗，烘烤后叶片杂有青色或红褐色，烟味辛辣，品质降低。氮的形态对烟叶的品质也有影响。硝酸态氮能提高烟叶含糖量，降低氮化物和烟碱含量，抽吸时，香味浓，气味平和，杂色少，刺激性小，劲头适中；施用铵态氮的烟草含糖量低，氮化物多，抽吸时香气淡，杂气重，刺激性和劲头较大。

磷可以促进根系的发育，使植株生长快、提早成熟。磷肥施用适当，可使植株迅速生长、提早收获，烟草烤后色泽好、油分足、组织紧密；缺磷，则植株生长缓慢，叶形狭长，色泽暗淡，烤后色暗无光泽；磷过多、氮不足，则叶脉突出，质地粗糙，油分少，易破碎。

钾对烟草品质影响很大。钾素能使烟株茎秆坚韧不易倒伏，并可增强其抗逆性。钾肥施用适当，则叶片生长旺盛，植株抗病力增强，碳水化合物积累增多，烤后烟叶色泽鲜亮，燃烧性强，烟灰呈白色。缺钾，则叶尖和叶缘首先产生暗铜色斑点，以后成为褐色死斑，叶尖和边缘向叶背方向卷曲而破碎。但钾肥施得过多时，调制后会增加烟叶吸水量，也会降低烟草品质。

氯对烟草生长不是必需的，但是烟草能从土壤中吸收大量的氯。当烟草中含氯量在 1%以下时，能增加烟叶的水分，叶薄而大，植株抗旱力增强；当烟叶中含氯量超过 1.5%时，则燃烧力降低；超过 2%时，则发生严重的黑色熄火现象，同时吸湿性加强，贮藏过程中容易霉变。因此，含氯肥料如氯化铵、氯化钾等不能施用于烟草，甚至在种烟地区也不要施用含氯化肥。

325. 烟草怎样施肥？

(1) 苗床施肥　烟草育秧的时间短，要求生长快、苗齐苗壮。其施肥特点是：要求基肥足，追肥均匀而及时。

① 基肥　黄淮烟区、山东一带是每 10 平方米的畦面上施腐熟圈肥 200～300 千克，加过磷酸钙 1～2 千克。有机肥料一定要充分腐熟，并且不要含烟叶碎屑及茄科植物的残根烂叶。西南烟区如云南、贵州等地，用灰土粪铺畦，每 10 平方米 100～150 千克，并加腐熟厩肥 75～150 千克，再加过磷酸钙 1～2 千克。

② 苗期追肥　一般采用液体肥料，氮、磷、钾肥配合施用，先少后多，由淡到浓。烟苗幼嫩，养分浓度若过高，尤其是氮素过多，往往会抑制幼苗生长。追肥后应立即用清水浇灌，冲掉叶面上的肥料。肥液的用量是：每 10 平方米畦面用硫酸铵 100 克、过磷酸钙 100 克、硫酸钾 50 克。于施肥前一天浸泡，取上清液喷施。第一次追肥在烟苗十字期进行，以后视苗情而定，第二次追肥的数量可为第一次的十倍。还可用鸡粪代替化肥，提前 7～10 天兑水浸泡，一般 1 千克鸡粪加水 10 千克，浸出液再稀释 2～3 倍，每 1 千克稀释液可喷洒 0.6 平方米。

(2) 大田施肥　施肥特点是重施基肥、早施追肥、后期根外补肥。

施用肥料的种类包括农家肥料、饼肥、化肥以及复合肥等。其中农家肥料可用堆肥、厩肥、清粪水等；饼肥常用豆饼、菜籽饼；化肥则用硫酸铵、硝酸铵、尿素、普钙、硫酸钾等，也可用氮磷钾三元复合肥。

施肥量要根据烟叶的产量品质指标、土壤肥瘦、品种习性、水利和气候等因素全面考虑，灵活掌握。应以氮肥为主，配合磷、钾肥，在一般土壤肥力上要求烤烟品质达到中上等以上。亩产烟叶 100～150 千克，需施纯氮 7.5 千克左右；亩产烟叶 200～250 千克，约需施纯氮 10～12.5 千克。其中农家肥料用量按氮量计算，应占施肥总氮量的 70% 以上，施用单一化肥不宜超过总氮量的 25%。氮素确定之后，便可根据比例确定磷、钾肥的施用量。北方烟区氮磷钾比例以 1∶1∶1 为宜，一般基肥约占总施肥量的 70%～80%。

厩肥、过磷酸钙和钙镁磷肥宜作基肥；三元复合肥、钾镁肥、硫酸钾、饼肥等可作基肥、追肥各半。

追肥的时期宜早。在黄淮烟区除肥力极差的土壤外，一般追一次肥，于移栽后 20～25 天施下；西南烟区氮肥作提苗肥，追肥以清粪水、菜籽饼为主，一般追 2～3 次，于栽后 30 天内施完；华南烟区追肥以清粪水为主，一般追 5～6 次，于栽后 40～50 天内结束。追肥施在两株之间，或植株旁侧 10～15 厘米远处，刨坑或开沟 6～10 厘米深，施后覆土。

后期根外追肥能提高烟叶的产量和品质。后期喷施磷、钾肥可增产 10％左右，烟叶色泽鲜亮，有膘性，品质显著改善。喷肥于现蕾前 10 天开始，10 天喷一次，共喷 2～3 次。每次每公顷喷过磷酸钙 22.5 千克、硫酸钾 15 千克，加水 750 千克，于傍晚喷射至叶面，以湿润为度。

第十五节　蔬菜类施肥技术

326. 蔬菜怎样进行叶面喷施磷肥？

叶面喷施磷肥是在土壤中有效磷含量不足，或者地温较低、根部吸收能力较弱，以及作物需磷较多的情况下，作为根部追肥的补充，具有一定的增产效果。试验证明，将磷肥的水溶液喷洒到叶片上，很快就能进入生长点和根部。当番茄现蕾时，或者叶片嫩绿有徒长趋势时，喷磷可以改善植株的磷素营养，促使叶色变为深绿色，叶片增厚，对营养生长表现出一定程度的抑制作用，而对生殖生长则有一定的促进作用。

叶面施磷多用 3％浓度的过磷酸钙浸出液，即用 1.5 千克过磷酸钙，加 5 千克热水浸泡，并不时搅动，静置一昼夜后，取上层清液加水至 50 千克，可用喷雾器喷洒。

叶面喷磷应注意：

① 要分布均匀，力求每片叶的正反两面都要喷到，特别是气孔较多的叶片背面，更要注意喷到。

② 最好在傍晚进行，因为这时温度较低、湿度大，喷在叶子上的磷肥浸出液不易干燥，有利于叶片吸收。阴天可以全天喷洒，但雨前、雨天不宜进行，以免被雨水淋失。

327. 蔬菜无土栽培的营养液如何配制?

蔬菜无土栽培可分为砂培、水培（常用聚氯乙烯有孔塑料或泡沫塑料等以固定植株）。按照营养液供给、循环等方式的不同，蔬菜无土栽培的形式是多种多样的。

无土栽培所用的营养液一般盛于营养液槽中，槽的宽度多数为100厘米左右，深约25厘米，槽的大小可灵活掌握。并用进液管、排液管和蓄营养液池连贯起来，成为营养液的循环系统。通过水泵的运转，使营养液按一定的次序和相隔时间，不断地循环，以供给植物的需要。

无土栽培所用营养液的化学成分包括氮、磷、钾等主要元素和硼、锰、铜等一些微量元素，蔬菜栽培所采用的营养液配方如表14所示。营养液的酸碱度（pH 值）一般应调整到 5.5～6.5。通常使用1～2 个月以后，对营养液的成分要进行调整或更换。

表14　每1000升（1000千克）**水中各种养分用量**　　单位：克

肥料	数量	肥料	数量
硝酸钾	810	硫酸锰	2
硝酸钙	950	硫酸铜	0.05
硫酸镁	500	硼　酸	3
磷酸二氢钾	350	硫酸锌	0.22
三氯化铁	20	钼酸钠	0.22

328. 塑料大棚中栽培的果菜类怎样施肥?

对塑料大棚中栽培的所有蔬菜施肥时，要特别注意预防有害气体的危害，大棚栽培的果菜类，由于需要精耕细作，种植密度较大，生长期较长，应该施入足够数量的肥料。

根据我国大棚春番茄、春黄瓜早熟丰产的经验，在施肥技术方面，首先应重视基肥的施用。一般每公顷施有机肥 75000 千克左右，并将其翻入土中。

在追肥技术方面应注意以下几点:

① 追肥一般用尿素或硫酸铵，每次每公顷用量为 150～300 千

克，最好是制成 0.2%～0.4% 的溶液进行液体追肥，不宜干施，在我国南方多采用"淡肥勤施"。

② 追肥时间及次数因蔬菜种类而异，番茄追肥 3～4 次，黄瓜追肥 5～10 次。在幼苗期可适当追肥，果实开始膨大后抓紧追肥，以促进早熟丰产，在中、后期应适当追肥，以增加总产量。

③ 追肥要和灌水结合，追肥后应当进行通风。

④ 在大棚中追肥也可采用叶面喷施法，一般喷施尿素的浓度，番茄为 0.5%，黄瓜为 0.5%～1%。

塑料大棚栽培在覆盖保护下，肥料不会随雨水流失，因而肥料的利用率高，但是土壤溶液中盐类易积累，可能造成土壤溶液浓度过高，甚至会引起蔬菜死亡。所以在夏秋季要揭开大棚上覆盖的薄膜，使雨水淋入，以减轻危害。

329. 茄子怎样施肥？

茄子是深根性作物，根系发达，因此，茄子喜有机质丰富、土层深厚、排水良好、保水、保肥的土壤。茄子根深叶茂，生长期和结果期长，生长期间及时地进行追肥，是保证丰产的主要措施之一，在生育期间既需要有充足的氮肥供枝叶生长，又需要有足够的磷、钾肥供开花结果。一般来说，每 1000 千克茄子需氮（N）3.2 千克、磷（P_2O_5）0.94 千克、钾（K_2O）4.5 千克。

茄子全生育期每亩施肥量为农家肥 3000～3500 千克（或商品有机肥 400～450 千克）、氮肥（N）14～17 千克、磷肥（P_2O_5）4～6 千克、钾肥（K_2O）10～13 千克，有机肥作基肥，氮、钾肥分基肥和追肥，磷肥全部作基肥，化肥和农家肥料（或商品有机肥）混合施用。

（1）基肥　一般施用农家肥料每亩 3000～3500 千克（或商品有机肥 400～450 千克）、尿素 4～5 千克、磷酸二铵 9～13 千克、硫酸钾 6～8 千克。

（2）追肥　整个植株进入以果实生长为主的时期，这是关键施肥时期。第一次追肥称为催果肥，一般可每亩施尿素 7～9 千克、硫酸钾 4～6 千克。对茄膨大期追肥：这段时期是茄子需肥高峰期，进行第二次追肥，即盛果肥，每亩施尿素 8～10 千克、硫酸钾 6～7 千克。

对四门斗膨大期追肥：一般追尿素 7～9 千克、硫酸钾 4～5 千克。

（3）根外追肥　从成果期开始可根据茄子长势喷施 0.2%～0.3% 的尿素、0.2%～0.3% 的磷酸二氢钾等肥料，一般 7～10 天喷一次，连喷 2～3 次。还可根据土壤测试结果叶面喷施微量元素水溶肥料。

330. 辣椒怎样施肥？

辣椒的根系浅而弱，为了促进根系的发育，保证植株有旺盛的营养生长，辣椒地在定植前应施足基肥，施肥后耕翻耙细。辣椒的追肥主要是在初花期以后进行，此期需要大量的养分，要追施一次化肥。追施化肥要氮、磷肥配合施用，在两棵之间刨埯点施。追肥后结合灌水铲蹚。辣椒对磷、钾肥的要求比番茄高，所以辣椒施肥的种类，以磷、钾为主的肥料最为适宜。

施肥原则：轻施苗肥，稳施花蕾肥，重施花果肥，早施翻秋肥。基肥每亩施腐熟厩肥 3000 千克、复合肥 50 千克，定植前 10 天左右施。追肥以适量的粪肥作苗肥，忌多施。花蕾肥每亩施人粪尿 1000 千克加尿素 5～8 千克。花果肥每亩施畜粪肥 2000 千克、磷肥 25～40 千克、尿素 10 千克，每 15～20 天施一次，共追肥 4～5 次。翻秋肥每亩施畜粪肥 1000 千克、复合肥 20 千克，于立秋和处暑前后各追施一次。

331. 根据白菜的营养特点怎样施肥？

白菜和其他作物一样，在生长期间需要氮、磷、钾三要素。氮促进它的叶子生长，磷促进叶的分化和叶球形成，钾促进叶子里的养分向叶球输送而使叶球充实。据试验，每公顷产 75000 千克白菜，大约吸收纯氮 112.5 千克、磷 52.5 千克、钾 150 千克。氮不足时，叶小，叶色发黄；磷不足时，植株小，结球延迟；钾不足时，外叶边沿枯黄，叶球不充实。

白菜的生长量大而且生长期长，需要施用大量有机肥作为基肥，一般亩施不少于 3000 千克的腐熟有机肥。生物有机肥宜在施有机肥时一并条施，每亩用量 80～100 千克。播种时施好提苗肥，每亩用微生物菌剂 2 千克、硫酸铵 5 千克，于直播前施于播种穴、沟内与土壤充分拌匀，然后浇水播种。白菜幼苗期根系不发达，吸收养分和水分的能力很弱，应追施少量氮肥。

白菜进入莲座期后，生长量很大，这一时期吸收的养分和水分很多。结球期制造养分的叶子在莲座期基本长成，莲座的旺盛生长对叶球生长有决定性的意义。追施氮素化肥，充分供给莲座叶生长所需的养分是决定产量的关键措施。团棵初期补施发棵肥。在田间有少数植株开始团棵时，亩施人粪尿 800～1500 千克、黑加白生物肥 10～15 千克，在植株边沿开 8～10 厘米的小沟，施入肥料后盖严土。

白菜自包心开始，莲座叶大量制造养分输入叶球，形成发达的叶球，直到叶球成熟到结球期。白菜在结球期需要的养分和水分最多，包心前应追施结球肥。一般每亩深沟条施尿素 15 千克、过磷酸钙及硫酸钾各 10 千克。

332. 根据甘蓝的营养特点怎样施肥？

甘蓝即结球甘蓝，又叫"卷心菜""大头菜"，春、夏、秋季均能栽培，在城市的蔬菜周年供应中占有重要地位。甘蓝对营养元素的吸收比一般蔬菜作物要多，种植时除施足基肥外，还应在生长期间合理追肥。甘蓝在各个生育阶段对各种营养元素的要求不同，在生长早期，即幼苗期和莲座期，需要较多的氮，莲座期对氮的吸收达到高峰。甘蓝以叶球为产品，对氮的要求最为敏感，氮素供应充足则外叶中叶绿素含量增加，制造的碳水化合物随之增多，可促进叶球的生长而提高产量。磷能促使叶原基的分化，使外叶发生快，叶球的分化增加。钾能促使碳水化合物由外叶向叶球运输，使叶球充实，产量增加，品质提高。

甘蓝根系浅，叶面积大，生长期间需要充足的水分和养分，特别是包心期，水肥充足能使其提早包心、提高产量。生产 37500 千克左右甘蓝，需要吸收纯氮 166.5 千克、磷 46.95 千克、钾 201 千克。

露地甘蓝的生产应遵循以下施肥原则：①有机肥与化肥配合施用，应遵循"控氮、稳磷、增钾"的原则；②肥料分配上以基、追结合为主，追肥以氮肥为主，合理配施钾肥；③注意在莲座期至结球后期适当喷施钙、硼肥等中微量元素肥料，防止"干烧心"等病害的发生；④蔬菜地酸化严重时应适量施用石灰等酸性土壤调理剂；⑤与高产栽培技术结合，以充分发挥水肥耦合效应，提高肥料利用率。

甘蓝苗床要求选择土壤肥沃、排水良好的地段。一般每亩施腐熟厩肥 1500 千克、硫酸铵 8～10 千克作苗床肥，以利幼苗生长。在定植甘蓝的地上施用农家肥料作基肥时，一般每亩施腐熟厩肥或堆肥 4000～5000 千克，并将 50～70 千克磷肥与之混合堆集，腐熟后施用。在甘蓝进入莲座期时，植株要形成强大的同化器官，此期是吸收水肥最关键的时期，这时要进行追肥。施用碳铵等氮素化肥时，早熟品种每公顷施 225～300 千克，中、晚熟品种每公顷施 150～225 千克，追肥后浇水。随气温增高甘蓝进入旺盛生长时期，早熟品种很快就开始包心，不用再追肥；中、晚熟品种在植株开始包心时，每公顷再追施氮肥 225～300 千克，追肥后及时灌水，以促进叶球生长。

333. 根据菠菜的营养特点怎样施肥？

菠菜是重要的绿叶蔬菜，叶子肥嫩，营养丰富，含有维生素 C、胡萝卜素、蛋白质，以及铁、钙等矿物质，为人们喜食，各地普遍栽培。

菠菜以绿叶为产品，需氮素较多，也要配合磷、钾肥。每公顷产 30000 千克菠菜，需要吸收纯氮 252 千克、磷 63 千克、钾 333 千克。单施氮肥时，虽然叶子生长迅速，但叶片薄，配合施用钾肥可使叶片肥厚、养分含量高；施用磷肥则有利于提高菠菜的抗寒性。

(1) 春菠菜　播种出苗后，气温低，光照日渐加长，很容易通过阶段发育而抽薹开花。追施氮肥并配合浇水，可以促进叶片生长，延迟抽薹。

(2) 秋菠菜　秋季冷凉，适合菠菜生长，而且光照日渐缩短，菠菜的阶段发育不易通过，叶子生长充分，水肥适当时叶片肥厚、品质好。

(3) 越冬菠菜　春季返青、开始旺盛生长后，应追施氮肥，每公顷施硫酸铵 225 千克左右，然后浇水，水肥充足，则菠菜产量高、抽薹迟、品质好。

334. 根据萝卜的生育特点怎样施肥？

萝卜是重要的根菜类蔬菜，喜土层深厚并富含有机质的肥沃土壤。萝卜对肥料的需要量以氮肥为最多,但增施磷、钾肥可以显著提高其品质。

萝卜的生长发育过程可分为发芽期、幼苗期、肉质根生长前期、肉质根生长盛期几个阶段,各阶段有各自的生长特点,对水肥条件有不同的要求。

从种子萌动到出现两片基生叶拉十字,称为发芽期。从种子萌动到破心,主要靠种子的贮藏营养供给胚芽生长。从破心到拉十字,幼苗逐渐向独立生活过渡,根系生长特别快,已开始从土壤中吸收氮、磷、钾等营养元素。

针对萝卜生产中存在的重氮、磷肥轻钾肥,氮磷钾比例失调,磷、钾肥施用时期不合理,有机肥施用明显不足,对微量元素肥料施用的重视程度不够等问题,提出以下施肥原则:①依据土壤肥力条件和目标产量,优化氮、磷、钾肥用量,特别注意调整氮、磷肥用量,增施钾肥。②北方石灰性土壤有效锰、锌、硼、钼等微量元素含量较低,应注意微量元素的补充;南方蔬菜地酸化严重时应适量施用石灰等酸性土壤调理剂。③合理施用有机肥料能明显提高萝卜产量和改善品质,忌用没有充分腐熟的有机肥料,提倡施用商品有机肥及腐熟的农家肥料。

从拉十字到第一个叶环的叶子展开为幼苗期,此期主根以纵向加长生长为主,并开始横向加粗生长,叶的生长量比根大,两者比例约为(15~20):1。定苗后,每公顷可追施碳铵 150~225 千克,追肥后灌水。

萝卜的肉质根生长前期,是叶片旺盛生长期,此期形成强大的同化面积,植株对矿质营养的吸收数量明显增加,如氮、磷的吸收比幼苗期增加 2 倍,钾则增加 6 倍,吸收氮、磷、钾的比例为 5:1:7。在水肥管理上,一方面要促进叶片的旺盛生长,保持旺盛的同化能力;另一方面还要注意防止叶子的徒长,以保证肉质根及时膨大生长。第一次追肥后,应灌水 2~3 次,以充分发挥基肥和追肥的肥效。当进行喷药防治病虫时,可在药液中加入 0.5% 的尿素进行叶面追肥。

肉质根迅速膨大为肉质根生长盛期,在此期间叶片生长减缓并渐趋停止,大部分营养物质进入肉质根贮藏起来,为了提高萝卜的产量和品质,应在肉质根开始膨大时进行第二次追肥,每公顷追施碳铵

225～300 千克并配合施用钾肥。追肥后要及时灌水，水分不足则萝卜质硬、味辣，并易形成糖心。

335. 怎样根据黄瓜的生育特点进行施肥？

黄瓜为一年生草本蔓性攀缘植物，耗水量大，吸水能力强，适合在保水能力强的土壤上栽植，需经常灌溉。多数侧根水平伸长，主要根群分布在表土层中。黄瓜的根群吸肥力弱，不耐过高的土壤溶液浓度，根群有氧呼吸较旺盛。根据这些特点，要施用腐熟的有机肥料作基肥并混合施用磷肥，每公顷施用过磷酸钙 450～600 千克，为黄瓜根系生长创造质地疏松、通气良好、营养完全、地温偏高的土壤环境，以促进黄瓜根群的发育，扩大其吸收营养物质的面积。黄瓜在定植时和缓苗前后不要施过多的化肥。

黄瓜吸收土壤营养物质的量为中等水平，一般每生产 1000 千克黄瓜需吸收氮 2.8 千克、磷 0.9 千克、钾 9.9 千克、钙 3.1 千克、镁 0.7 千克。黄瓜喜欢中性偏酸性的土壤，在土壤 pH 值为 5.5～7.2 的范围内都能正常生长发育，但以 pH 6.5 为最适宜。

基肥以有机肥为主，定植前每亩施有机肥 5000 千克、生物肥 250 千克、尿素 50 千克、过磷酸钙 30～40 千克、硫酸钾 50 千克、硫酸锌 2 千克。

在根瓜坐住后，要进行追肥，这次追肥对开花结瓜和茎叶继续生长有重要作用，可每公顷施碳铵 150 千克左右，或氮素化肥与腐熟的鸡粪混合施用，施肥后灌水。

在结瓜盛期，植株地上部和根系生长都达到高峰，茎叶旺长，大量结瓜。据测定，在采瓜盛期，一棵黄瓜植株一昼夜大约可吸收 3.8 克钾、2.4 克氮和 1.2 克磷。此时养分多数进入正在生长的黄瓜，茎叶里的养分含量下降。在此期间必须及时追肥，尤其是氮肥，否则叶子会因营养不良而变黄，每隔 10 天左右追施速效氮肥一次，每公顷追施碳铵 150 千克左右，可采用腐熟的人粪尿水与化肥交替施用的方法追肥，这样既能满足植株生长和结瓜对养分的要求，又可避免一次施肥数量过多造成伤根和肥料单一的问题。

结瓜盛期也常是黄瓜病害发生的盛期，可结合喷药进行叶面追肥，在药液中加入 0.5% 的尿素、0.3% 的磷酸二氢钾，以复壮叶片、延长植株寿命，并有利于控制病害的发展，提高黄瓜产量。在基肥用量不足或土壤缺钾的情况下，必须追施钾肥。钾对促进营养生长和生殖生长的平衡发展、增强黄瓜抗病性和改善黄瓜品质均有良好的作用。

336．番茄怎样施肥？

番茄的生长期长，结果期也长，除施有机肥料作基肥外，还要追施化肥。据分析，每生产 1000 千克商品番茄需要吸收氮（N）4.5 千克、磷（P_2O_5）5.0 千克、钾（K_2O）5.0 千克、钙（CaO）2.52～4.19 千克，氮、磷、钾的比例约为 0.9：1：1。氮素保证茎叶的生长，若氮肥不足，则全株的叶子呈黄绿色而早衰。钾能促进养分的同化和转移，若钾肥不足，则从基部叶片开始，叶片从边缘开始变黄，继而变褐，质地变脆。磷的吸收总量虽然较少，但是磷对番茄根系的生长、花芽分化和果实、种子的发育极为重要。缺磷时，叶片小，叶暗绿色，叶脉呈紫色，果实少而小，底部叶片向上卷成筒状。

移栽定植前应施足基肥，每亩施腐熟的有机肥料 4000～5000 千克、尿素 15 千克、过磷酸钙 50 千克、硫酸钾 20 千克、草木灰 150 千克，一般将其中的 2/3 均匀地撒于地表，结合整地翻入，1/3 施于定植沟内。

在第一穗果坐果后进行第一次追肥，每公顷施碳铵 225～300 千克或尿素 75～120 千克，然后浇水。第一穗果采收后可进行第二次追肥，每公顷施碳铵 150～225 千克。

番茄繁茂生长后，不便追肥时，可结合喷水进行叶面追肥。交替喷洒 0.5％的尿素、0.3％的磷酸二氢钾，或者交替喷 0.5％的尿素、1％～2％的过磷酸钙浸出液、2％～5％的草木灰浸出液。

337．冬瓜怎样施肥？

冬瓜适应性强、产量高、耐贮运，是夏季的主要蔬菜之一。冬瓜果实含有大量的水分、少量的糖和丰富的维生素 C，具有特殊的风味，栽培的地区较广。

冬瓜对水肥反应比较敏感。施肥应以有机肥料为主，配合追施少量化肥。冬瓜对氮、磷、钾的吸收均衡而且量较大，生产 5000 千克冬瓜时，吸收纯氮 15～18 千克、磷 12～13 千克、钾 12～15 千克，折合尿素 32.6～39.1 千克、过磷酸钙 85.7～92.9 千克、硫酸钾 24～30 千克，三者比例约为 1.3∶1∶1。冬瓜中钾的含量很高，应注意磷、钾肥的施用。氮素化肥要适时、适量施用，施用偏晚、偏多时，易使冬瓜质松，雨季易烂瓜。追肥可结合灌水进行。

重施基肥。中等肥力的土壤，每亩需腐熟的人粪尿 1000～1500 千克或腐熟的猪牛粪 750～1000 千克，土杂肥或堆肥 2500～3000 千克，过磷酸钙或钙镁磷肥 30～50 千克，还可在基肥中加入饼肥 40～75 千克、硫酸锌 2 千克和硫酸铜 2 千克，或在移栽前每亩施用腐熟厩肥 100～150 千克、三元复合肥 15 千克或过磷酸钙 25～30 千克，在畦中开深沟条施，也可按株距开穴施入。若有机肥料肥源不足，定植时每亩沟施或穴施三元复合肥 50～70 千克。基肥较多的最好一半撒施一半穴施，基肥较少的可沟施或穴施。

冬瓜在 5～6 片真叶时，可在畦的一侧开沟施肥，每公顷施腐熟的人粪尿 7500～11250 千克或厩粪 22500 千克，混合施过磷酸钙 375～450 千克、硫酸铵 150 千克或碳酸氢铵 195 千克，施肥后封沟、浇水，可促进冬瓜伸蔓，扩大同化面积，增加营养积累，有利于雌花开放和坐瓜。

雌花开放前后应控制水肥，以免生长过旺而化瓜。在瓜的旺盛生长前期，每公顷可冲施碳酸氢铵 150～187.5 千克，注意避免将化肥弄到瓜上引起烂瓜。

338. 花椰菜怎样施肥？

花椰菜是十字花科芸薹属甘蓝种草本植物。花椰菜对土壤的适应性较强，适宜有机质丰富、保水保肥能力强的沙壤土和壤土。花椰菜的生育周期包括发芽期、幼苗期、莲座期、花球形成期。一般来说，每生产 1000 千克花椰菜产品约需氮 13.4 千克、磷 3.93 千克、钾 9.59 千克，吸收比例为 1∶0.3∶0.7。

花椰菜全生育期每亩施肥量为农家肥 2500～3000 千克（或商品有机肥 350～400 千克）、氮肥（N）20～23 千克、磷肥（P_2O_5）6～8 千克、钾肥（K_2O）11～14 千克，有机肥作基肥，氮、钾肥分基肥和追肥，磷肥全部作基肥，化肥和农家肥（或商品有机肥）混合施用。

结合耕翻整地，施用腐熟好的有机肥料作基肥，农家肥每亩施2500～3000千克，在基肥中施用过磷酸钙225～375千克，以及草木灰等钾肥。

春季栽培的花椰菜，定植后气温较低，浇缓苗水后应抓紧中耕松土、保墒增温、促进缓苗，缓苗后应追肥。莲座期追肥，每亩施尿素10～11千克、硫酸钾5～6千克，以促进花芽、花蕾分化和花球形成。花球形成初期追肥，每亩施尿素13～15千克、硫酸钾6～8千克，以促进花球的快速膨大，防止花茎空心。花球形成中期追肥，每亩施尿素10～11千克、硫酸钾5～6千克，以提高花球产量和花球质量，并增加浇水次数，水肥管理适当，才能获得高产。

秋季栽培的花椰菜，播种时正值高温多雨季节，出苗后要及时间苗、除草，使幼苗保持较大的营养面积。定植后要及时浇水、追肥，水肥管理基本上同春花椰菜。

339. 胡萝卜怎样施肥？

胡萝卜是主要的根菜类蔬菜，含有丰富的碳水化合物和胡萝卜素。冬、春食用胡萝卜，能增加维生素营养，对调节人体的生理机能、增进健康有一定的作用。

胡萝卜的肉质根入土较深，在播种前应深耕，施足基肥，每亩施腐熟的厩肥和人粪尿2000～2500千克，或商品有机肥150～200千克、过磷酸钙15～20千克、草木灰100～150千克。如果仅用化肥，每亩施尿素10千克、过磷酸钙30～40千克、硫酸钾30～35千克。施肥的方法有撒施和沟施两种，都应与土掺匀。

除施用腐熟的农家肥料作基肥外，还应施用磷肥，施磷肥可提高胡萝卜的含糖量，每公顷可施过磷酸钙225～300千克，可与农家肥料混合发酵后一同施入。

胡萝卜不宜施过多的氮肥，防止植株徒长，叶子过密，影响根部膨大，并降低品质。在施用磷肥作基肥的基础上，于定苗后每公顷追施碳铵150千克，或者每公顷施腐熟的人粪尿7500千克。

在中微量元素方面，胡萝卜要注意的是缺钙和缺硼症状。钙肥一般用生石灰或熟石灰，也可施过磷酸钙或钙镁磷肥。常用的硼肥有硼砂和硼酸，多采用叶面喷施。土壤施用钙肥和硼肥的后效一般可维持2～3年。

340. 青椒的需肥特点是什么？怎样施肥？

生产3000千克青椒，需从土壤中吸收纯氮（N）17.4千克、磷（P_2O_5）3.3千克、钾（K_2O）22.2千克。但一定要做到有机肥与化肥结合施用，创造青椒根系发育良好的营养条件，这是获得高产稳产的物质基础。

青椒的果实产量与氮吸收量之间为平行的关系。从生育初期至果实采收终了，青椒对氮素是不断吸收的。青椒对磷的吸收是随着生长发育的进展而不断增加，但吸收量少，只是氮的1/5左右。青椒对钾的吸收是生育初期少，采收果实开始吸收量逐渐增加，钾能促进青椒保叶、增加坐果率和提高产量。

青椒对锌较为敏感，锌有提高青椒品质、产量和防治"小叶病"的作用。上海市农业科学院试验结果证明，青椒施锌可以提高维生素含量12%～54%，增产20%左右，并对"小叶病"起到一定的缓解作用，提高植株的抗病能力。

① 重施基肥。青椒生育期长，施足基肥十分重要，即在施足农家肥的基础上，每亩施硝酸磷钾肥45～50千克。

② 多施、勤施追肥。当门椒直径达2～3厘米时喷施植物电子肥，利用植物本身光合作用迸发出的高能电子与植物电子的极性感应原理，提高细胞分裂、分子合成和营养匹配消化水平，加速新陈代谢频率，激活植物营养疏导系统产生超越肥效。

③ 花前、幼椒期使用辣椒壮蒂灵，可增强各种辣椒植株的营养匹配功能，使果蒂增粗，防止落叶、落花、落果，另外促使果实发育快、着色早、果肉厚、色泽鲜艳、辣味香浓。开花期应控制施肥，以防止落花、落叶、落果。幼果期和采期要及时施肥，以促进幼果迅速膨大。忌用高浓度肥料，忌湿土追肥，忌在中午高温时追肥，忌过于集中追肥。

341. 芹菜怎样施用锌肥？

生产1000千克芹菜，需吸收纯氮（N）0.4千克、磷（P_2O_5）

0.32 千克、钾（K_2O）0.77 千克，吸收比例为 1.25：1：2.41。

中等肥力水平下，芹菜全生育期每亩施肥量为农家肥 2500～3000 千克（或商品有机肥 350～400 千克）、氮肥 13～16 千克、磷肥 5～6 千克、钾肥 6～9 千克，氮、钾肥分基肥和追肥，磷肥全部作基肥，化肥和农家肥（或商品有机肥）混合施用。

芹菜是需锌较多的作物之一，即使在富锌土壤（有效锌 3.6 毫克/千克）上栽培芹菜，施锌肥亦能增加产量。以作基肥效果最好，追肥和叶面喷施效果次之。施锌后，芹菜表现为株高明显增加。试验表明，基施锌肥，增产 6.2％；追肥和叶面喷施，增产 5.5％。锌肥施用量，基肥每公顷施硫酸锌 60 千克，将锌肥浅施在土壤耕作层中。喷锌次数，用 0.5％硫酸锌水溶液叶面喷施，移栽后 25 天喷 1 次，连续 3 次，增产效果显著。

如发现心腐病，可用 0.3％～0.5％硝酸钙或氯化钙进行叶面喷施。叶面喷施硼肥可在一定程度上避免茎裂的发生，每次每亩喷施 0.2％硼砂或 40～75 千克硼酸溶液。设施栽培可增施二氧化碳气肥。

342. 西瓜的吸肥特点是什么？怎样施肥？

西瓜果实大，产量高，生长迅速，需肥也大，在整个生育期要求有充足的养分。每公顷产 45000 千克西瓜，需从土壤中吸收纯氮（N）180 千克、磷（P_2O_5）153 千克、钾（K_2O）207 千克。按每株每日吸收氮、磷、钾三要素的量计算，发芽期吸收氮、磷、钾的比例为 6.7：1：2.7，苗期为 3.2：1：2.8，抽蔓期为 3.6：1：1.7，坐果期为 0.4：1：1.9，果实生长期为 3.4：1：1.5。由此看来，西瓜生长前期仍以氮肥为主，果实生长盛期需钾量猛增。因此，在西瓜生长过程中应根据西瓜吸肥特点进行施肥。

（1）基肥　每公顷施用优质有机肥 75000 千克，混入过磷酸钙 450～600 千克，硫酸钾 75～112.5 千克。将混合的肥料的 3/4 施于定植沟内，与深翻 40 厘米的土混匀，余 1/4 撒施于畦面与表土耙匀。

（2）追肥　定植后 7～10 天（第一片真叶展平）在定植沟的范围内每公顷撒施尿素 30～45 千克，与表土混匀后浇水。团棵期每公顷施硫酸铵 450 千克、硫酸钾 150 千克。西瓜是主蔓结瓜，每株一瓜，在雄花开放至坐果前还需再追肥一次，每公顷施用硫酸铵 75 千克、硫酸钾 75 千克，以满足果实迅速膨大期对营养的要求。

在生产实践中，合理应用微量元素肥料，也是提高西瓜产量、品质的重要措施。钙是西瓜的重要营养元素，钙素不足会影响果实品质。为了克服缺钙，在雄花开放前应喷施 0.2% 氯化钙一次，雌花坐果后再喷施一次。锌可以提高种子发芽率，增强幼苗的抗寒性；锰可以提高光合效率，促进碳水化合物的积累。用 0.2% 的硫酸锌溶液浸种，坐果后连续喷施 0.2% 的硫酸锰 2~3 次，均可收到满意的效果。

硼可以提高坐果率，还能加速糖分的合成与运输，提高西瓜的含糖量，增加甜度和适口性。缺硼地块，应施用硼肥。施硼可采用两种方法：作基肥时施用量为 15 千克/公顷，与有机肥混合施入；根外追肥时，开花期喷施 1~2 克/千克硼酸溶液。

343. 甜瓜怎样施肥？

甜瓜属一年蔓生草本植物。甜瓜根系较发达，主要根群集中分布在地下 15~25 厘米范围内，根系所占土壤体积很大，故有较强的耐旱性。甜瓜需肥量大，不但需要氮、磷、钾等大量元素，而且对钙、硼等微量元素也很敏感。甜瓜喜硝酸态氮，宜施用硝酸态氮肥。甜瓜是忌氯作物，不宜施用含氯肥料。

应根据甜瓜的吸肥特点，进行合理施肥。甜瓜要求在生育期内，氮、磷、钾持续不断供应，对氮、磷、钾吸收比例为 2:1:3.7，每生产 1000 千克甜瓜，需吸氮 2.5~3.5 千克、磷 1.3~1.7 千克、钾 4.4~6.8 千克。

(1) 基肥 甜瓜施肥以基肥为主，基肥用腐熟的农家肥，配合施用氮、磷、钾肥，一般每亩施用腐熟的农家肥 2500~3000 千克、尿素 5~6 千克、磷酸二铵 10~15 千克、硫酸钾 10~15 千克，或马铃薯复合肥 25~30 千克。

(2) 追肥 一般根据甜瓜不同生育期对养分的不同需求，视苗情进行合理追肥。一般追 1~2 次：第一次追肥在 5~6 片真叶出现、摘心后，以氮肥为主，配合磷、钾肥，每亩追施尿素 5~10 千克；第二次追肥在开花后 10~15 天，以氮、钾肥为主，每亩追施尿素 3~5 千克、硫酸钾 5~10 千克。氮肥施用过多，容易引起甜瓜植株徒长，抑制花芽分化，造成落花落果。所以追施尿素应根据甜瓜的长势而确定具体的施肥量。

甜瓜叶片对氨比较敏感，其生长季正值高温季节，应尽量少施用铵态氮肥，以防止甜瓜发生氨害。甜瓜缺钙会引起叶边缘腐烂，当花芽分化时，钙素不足会形成西洋梨形状的变形甜瓜，降低了甜瓜的商品价值。出现这种现象时要及时补充钙肥。

第十六节　果树施肥技术

344. 苹果的需肥特点是什么？怎样施肥？

苹果树根系通常分为两大类，即常见的褐色或黄色的次生根（也叫生长根）和很少看到的白色的初生根（也叫吸收根）。吸收根多而密，但寿命短，一般为 15～20 天，一部分吸收根成为生长根，另一部分死亡。

苹果秋季施肥是最重要的。以有机肥为主，结合深松深翻，引导根系向深层发展。土壤培肥是苹果高产、优质的基础，严格的施肥管理才能获得高产、稳产、优质。施肥不当，尤其是氮肥使用过多会使栽培失败。

施肥原则：成龄树高于幼龄树，盛果期树高于初结果或未结果的树，肥力差的果园高于肥沃的果园。盛果期树秋施基肥，有机肥施用量与果树产量相等，商品有机肥则按普通有机肥的 0.1～0.2 倍量施用。

苹果施肥量与产量有密切关系，根据科研单位的试验研究，苹果的需肥规律是：前期以氮为主，后期以钾为主，对磷的吸收全年比较平稳。生产 1000 千克果实，需纯氮（N）4～7 千克、磷（P_2O_5）2～3.5 千克、钾（K_2O）4～7 千克，氮磷钾比例约为 1.2∶1∶1。

（1）基肥　秋季施肥一般占全年总施肥量的 1/2 以上，以有机肥为主，混入磷肥和钾肥。施肥方法常采用沟施，一般幼树或初结果树常采用环状或条状沟，沟深 40～50 厘米，沟宽 30～40 厘米；成龄果树常采用放射状沟施，每株树以树干四周的树冠下开深 30 厘米、宽 30～40 厘米、长 100～120 厘米的放射状沟 4～8 条，将混有磷、钾肥的有机肥填入，封土并结合秋灌。

（2）追肥　第1次追肥是在萌芽前，开放射状沟，深5～10厘米，以氮肥为主，株施氮、钾肥0.5～1千克；第2次追肥是在花前，以磷、钾肥为主，氮肥适量，以促进开花、坐果及花芽形成和果实膨大，株施硫酸钾0.5～1千克，也可喷质量分数为0.2%～0.3%的磷酸二氢钾，同时加入0.1%～0.2%的硼肥，每隔15～20天喷1次，连续喷三四次，摘果前20天停止；第3次在果实膨大期追施壮果肥，以钾肥为主，氮、磷肥适量，株施硫酸钾0.5～1千克；第4次追着色肥，以钾肥为主，叶面喷施磷酸二氢钾或硫酸钾。3月中下旬土壤化冻后至苹果发芽前，可每亩施长效缓释肥50～60千克。

南方苹果生长旺，容易抽晚秋梢，因此，在秋季应控制速效氮肥的施用量。矮化砧果园，根系浅，栽植密度大，产量高，对水肥要求也高，需要喷施0.2%尿素和0.2%磷酸二氢钾，保证结果和树体生长的需要。

345. 柑橘的需肥特点是什么？

柑橘为常绿果树，生理活动周年不息，抽梢次数多，果实生长期长，冬季也进行同化作用和花芽分化。柑橘的须根特别发达，主要靠菌根吸收水分和养料。施肥与土壤管理是柑橘丰产的基础。

据研究，每生产1000千克柑橘果实，需氮6千克、磷1.1千克、钾4千克、钙0.8千克、镁0.27千克，氮磷钾比例为1:0.2:0.7，需氮、钾多。柑橘对所需养分的吸收，随物候期的变化而不同。新梢对营养的吸收，由春季开始迅速增长，夏季达到高峰，入秋后开始下降，入冬后基本停止；果实对磷的吸收，从仲夏逐渐增加，至夏末秋初达到高峰，以后趋于平衡，对氮、钾的吸收从仲夏开始增加，8～9月出现最高峰。春季的4月到秋季的10月，是柑橘一年中吸肥最多的时期，施肥时应考虑这些特点，若施肥不当，将带来危害。春梢萌发时氮过剩，则往往春梢徒长，坐果率降低；后期氮过剩，则晚秋梢不断发生，会影响柑橘越冬。如果果实膨大期缺氮，则生理落果严重，果实小，产量低。过多施钾还会增加果皮厚度，影响品质。

柑橘幼树施肥的目的，主要是促进春、夏、秋三次新梢的生长，便于迅速形成树冠，早日成为结果树，同时要控制晚秋梢的抽生，防止发生冻害。因此，应掌握"薄肥勤施"的原则。最好在 3～7 月每月施速效肥 1 次，11 月再施 1 次。

柑橘的施肥量与树势强弱、品种特性、土壤肥瘠、树龄大小、产量情况均有密切关系。不结果枝（营养枝）4～7 月龄叶片的营养分析可以作为判断柑橘营养状况的参考（表 15）。

表 15　柑橘营养状态分级标准　　　　单位：%

元素	缺乏	低	适	高	过剩
氮	<2.2	2.2～2.4	2.5～2.7	2.8～3.0	>3.0
磷	<0.09	0.09～0.11	0.12～0.16	0.17～0.29	>0.3
钾	<0.7	0.7～1.1	1.1～1.7	1.8～2.3	>2.4

346. 柑橘缺素症有哪些表现？

柑橘是对微量元素比较敏感的果树，为了判断柑橘的缺素情况，可利用下列检索表。

柑橘养分缺乏症状检索表：

（1）症状最初出现于新梢

① 叶色全部一律，生长衰弱，常呈丛生状

A. 新叶淡绿色乃至黄色，停止生长早（缺氮）。

B. 新叶黄绿色乃至黄色，比缺氮时显得更黄（缺硫）。

C. 新叶出现水渍状半透明斑点，果实皮上有坚硬树胶块（缺硼）。

D. 叶片绿色，沿中肋皱褶（缺钾）。

② 叶色在叶脉和中肋部较浓

A. 叶小而尖，中肋部及主要支脉部呈绿色，脉间呈淡绿色乃至黄色，果实小（缺锌）。

B. 叶的大小、形状近乎正常。

a. 中肋及主要支脉暗绿色，叶脉淡绿色乃至黄色，轮廓不明显，叶色较暗（缺锰）。

b. 叶淡绿色乃至黄白色，仅叶脉为极细的绿色网纹，生长显著衰弱，枝梢通常枯死（缺铁）。

c. 叶淡绿色，仅叶脉绿色，有极细网纹，叶大。叶常大于正常叶片，果实的表面和囊瓣的轴上有树胶样物质（缺铜）。

（2）症状最初出现于老龄叶片，常影响果实产量

① 叶从局部开始褪绿，渐渐扩及全部

A. 叶的褪绿从平行于中肋的叶身部开始，渐渐扩向全面，仅叶的基部残存有绿色（缺镁）。

B. 叶的褪绿开始于叶缘，渐及于叶脉间（缺钙）。

② 叶的褪绿不是从局部开始

A. 褪绿全面发生，从黄绿色和黄色的斑点开始，最后全面变为黄色（缺氮）。

B. 叶暗绿色，最后变为黄橙色，严重时发生灼烧（缺磷）。

347. 柑橘怎样施肥？营养失调怎样矫正？

施肥量的大小应根据果园的产量水平来制定，具体方法如下：

① 亩产 3000 千克以上的果园　有机肥 $2\sim4$ 米^3/亩，氮肥（N）$25\sim35$ 千克/亩，磷肥（P_2O_5）$8\sim12$ 千克/亩，钾肥（K_2O）$20\sim30$ 千克/亩。

② 亩产 $1500\sim3000$ 千克的果园　有机肥 $2\sim4$ 米^3/亩，氮肥（N）$20\sim30$ 千克/亩，磷肥（P_2O_5）$8\sim10$ 千克/亩，钾肥（K_2O）$15\sim25$ 千克/亩。

③ 亩产 1500 千克以下的果园　有机肥 $2\sim3$ 米^3/亩，氮肥（N）$15\sim25$ 千克/亩，磷肥（P_2O_5）$6\sim8$ 千克/亩，钾肥（K_2O）$10\sim20$ 千克/亩。

（1）基肥（秋施肥）　一般占全年总施肥量的一半以上，以有机肥为主，混入磷、钾肥，采用沟施。幼树或初结果树常采用环状或条状沟施，沟深 $40\sim50$ 厘米，沟宽 $30\sim40$ 厘米。成龄果树常采用放射状沟施，每株果树在树干四周的树冠下开深 30 厘米的放射状沟 $4\sim8$ 条，将混有磷、钾肥的有机肥填入，封土结合秋灌。

（2）追肥　一般每年 $2\sim3$ 次，第 1 次在萌动前开深 $5\sim10$ 厘米的放射状沟，施速效氮肥结合灌水；第 2 次追肥在落花后，施用速效氮肥，每株并追施硼砂 $100\sim150$ 克和硫酸锌 $200\sim250$ 克，结合灌水；第 3 次追肥在 5 月下旬至 6 月上旬（花芽分化期）追施速效氮肥和磷、钾肥。

营养失调矫正的方法：缺锌、锰、镁，结合冬肥每株需要施硫酸

锌 0.5 千克、硫酸锰 0.5 千克、硫酸镁 0.3～0.5 千克，也可以喷施这些微量元素肥料的 0.2% 浓度的溶液；缺硼，每株施硼砂 0.2～0.25 千克，或喷 0.1% 浓度的硼砂溶液；缺铜，基施硫酸铜，每株0.1～0.2 千克或喷施 0.05% 浓度的硫酸铜溶液；缺铁，喷施 0.1% 柠檬酸配制的 0.2% 浓度的硫酸亚铁溶液。这些对提高柑橘产量均有一定的效果。

348. 板栗怎样合理施肥？

板栗树冠高大、寿命长，嫁接苗 2～3 年就能结果，20 年后进入盛果期。板栗根系的愈合能力和再生能力均较弱，因此，在幼树移栽和施肥时，应尽可能保护根系不受损伤。

一般每 100 千克板栗发育成熟需要消耗纯氮 4.5～5 千克、纯钾4.5～5 千克、纯磷 1.5～2 千克。基肥属安全性肥料，所含营养元素全面，还能改善土壤结构，提高农产品品质。板栗施肥以采果后秋施为好，此期气温较高，肥料易腐熟；同时此时正值新根发生期，利于吸收，从而可促进树体营养的积累，对来年雌花的分化有良好作用。

大量元素肥料与微量元素肥料均衡施用。板栗幼树（7 年生以下）氮、磷、钾全年施用比例为 1：0.7：0.8，每年 4 月、6 月各喷一次300～3500 倍的硼砂水。结果大树一年应施肥 3 次，全年所需氮、磷、钾比例为 1：0.85：0.9。第一次是花前肥，在萌芽后、开花前，结合春灌每株施腐熟的人粪尿 100～120 千克或尿素 350～400 克，促进新梢生长、开花结果，提高坐果率；第二次壮果肥施在果实膨大期，每株施氮磷钾复合肥 800～1000 克，以促进果实发育；第三次9～10 月施基肥，一般中庸树每株施腐熟有机肥 80～100 千克、过磷酸钙 3～4 千克、硼砂 100 克，充分混合后施入。

349. 核桃怎样合理施肥？

核桃树为多年生果树，每年的生长和结实需要从土壤中吸取大量的营养元素。特别是幼树阶段，生长旺盛而迅速，必须保证足够的养分供应。施肥应结合深翻改土进行，以秋季采收后施基肥为主。大树每株施有机肥 150～200 千克，混以过磷酸钙 1 千克和硫酸钾 1 千克。

追肥：于发芽前、落花后、果实硬核期三个时期施用，每株追施尿素 0.5～1.0 千克。

于核桃幼苗阶段，撒施少量速效氮肥，可促进幼苗的生长。移栽定植最好选用 2～3 年生苗木，应深挖苗木勿伤主根。由于 2～3 年生苗侧根数增加，移栽时应在定植穴中每穴施有机肥 2.5 千克，与土混合，促进形成健壮的骨干根，为以后树体发育和丰产打下基础。

350. 香蕉怎样进行施肥？

香蕉是典型的需钾作物。从香蕉全株的养分分析可以看出：全株含氮 209 克、磷 57 克、钾 721 克。每千克果实"三要素"含量：氮 1.9 克、磷 0.55 克、钾 6.9 克。"三要素"含量的比例大体为 3.5∶1∶12.5。可见，香蕉对钾的需要量特别大。香蕉第 3 叶钾素诊断指标：缺乏值 K<4.0%，K/N<1.1，施钾肥增产效果显著；适量值 K 5.0～5.8，K/N 1.4～1.7。

（1）香蕉秋冬季亩产施肥量

① 亩产 5000 千克以上的蕉园　视有机肥种类决定用量，传统有机肥 1000～3000 千克/亩，腐熟畜禽粪用量不超过 1000 千克/亩。氮肥（N）45～60 千克/亩，磷肥（P_2O_5）15～20 千克/亩，钾肥（K_2O）70～90 千克/亩。

② 亩产 3000～5000 千克的蕉园　传统有机肥 1000～2000 千克/亩，腐熟畜禽粪用量不超过 1000 千克/亩。氮肥（N）30～45 千克/亩，磷肥（P_2O_5）8～12 千克/亩，钾肥（K_2O）50～70 千克/亩。

③ 亩产 3000 千克以下的蕉园　传统有机肥 1000～1500 千克/亩，腐熟畜禽粪用量不超过 1000 千克/亩。氮肥（N）18～25 千克/亩，磷肥（P_2O_5）6～8 千克/亩，钾肥（K_2O）30～45 千克/亩。

（2）施肥方法　根据土壤酸度，定植前每亩施用石灰 40～80 千克、硫酸镁 25～30 千克，与有机肥混匀后施用；缺硼、锌的果园，每亩施用硼砂 0.3～0.5 千克、七水硫酸锌 0.8～1.0 千克。

香蕉苗定植成活后至花芽分化前，施入约占总肥料量 20% 的氮肥、50% 的磷肥和 20% 的钾肥；在花芽分化期前至抽蕾前施入约占总施肥量 45% 的氮肥、30% 的磷肥和 50% 的钾肥；在抽蕾后施入 35% 的氮肥、20% 的磷肥和 30% 的钾肥。前期可施水肥或撒施，自花芽分化期开始宜沟施或穴施，共施肥 7～10 次。

351. 菠萝的需肥特点是什么？怎样施肥？

菠萝对"三要素"的要求，在营养生长期氮磷钾比例为17：10：16，进入开花期氮磷钾比例则为7：10：23。因此，菠萝施肥应注意氮、钾的补给。定植时应施足基肥，给丰产打下基础。

基肥必须一次施足。根据广西对菠萝的施肥经验，基肥每公顷施牛栏肥和草木灰的混合肥30000～45000千克、花生饼750～1500千克、骨粉750～1500千克、硫酸钾150～225千克。

追肥：第1次追肥在12月到次年1月，每株施10～15千克土杂肥与0.5千克过磷酸钙，施在茎基周围，然后培土；第2次追肥在4～5月，每株施硫酸铵50克；第3次追肥在7～8月，每株施硫酸铵80克，施肥后及时灌水。

只收单造果，可于采果后，在大行行间用犁开沟或开穴，每公顷施有机肥15000～22500千克，混入过磷酸钙150千克和硫酸钾225千克。也可在生长季节用等量1.0%尿素和0.4%磷酸二氢钾混合液进行叶面喷肥。

352. 荔枝怎样施肥？

荔枝除需要氮肥和适量磷肥外，还需要特别高量的钾肥。从荔枝的果实分析可以看出，氮（N）占果实干重的0.96%，磷（P_2O_5）占11.6%，钾（K_2O）占3.11%。

荔枝施肥应充分考虑当地气候、土质、品种、树龄、树势、结果量和枝梢抽生及控制等，既要力争当年果实丰收，又要考虑来年的丰产。

（1）基肥　施基肥可促进秋梢适时萌发，并抑制冬梢萌发。对于早熟品种、壮树、挂果少的树、青壮年树，可在采果后半个月至一个月施肥；对于晚熟品种、结果多的树、弱树、老树或适龄结果树，在采果前10～15天施肥。一般每亩沟施或穴施腐熟有机肥2000～3000千克、通用型复合肥40～60千克，或每株施用复合肥1～1.5千克。

（2）促花肥　增强开花前树体营养，促进花芽分化，增加雌花数，减少落花和第一次生理落果。一般在1月份10～20天内进行，可根据品种不同提前或延迟施用，早中熟品种宜在1月上旬"小寒"

前后施，晚熟品种宜在1月下旬"大寒"前后施。施肥以磷、钾肥为主，每亩追施通用型复合肥或高钾型复合肥30～40千克，或每株0.5～1千克，不宜追施尿素或高氮型复合肥，以避免"冲梢"。

（3）壮果肥 补充开花坐果造成的树体养分消耗以促进果实发育、保果、壮果，减少第二次生理落果，提高果实品质。这次追肥宜在开花后至第二次生理落果前（4～5月份）进行，即早熟品种在4月上旬、晚熟品种在5月下旬前后施入。一般追施高氮、高钾型复合肥，每株1.5～2千克。此期可叶面喷施0.3%～0.5%尿素或0.2%磷酸二氢钾，对壮果和减少落果会起到重要作用。

（4）促梢肥 主要是促进树体恢复和秋梢发育，为来年丰产打基础。对早熟品种、健壮树宜在采果后施，晚熟品种、结果多和树势衰弱的树宜提前在采果前10～15天施用。此期应有机肥和化肥配合施用，每株施腐熟优质有机肥50～100千克、通用型复合肥（1∶1∶1）1～1.5千克。

353. 葡萄怎样施肥？

葡萄树是一种典型的喜钾果树，素有"钾质植物"之称，钾能提高葡萄纤维素含量，增强植株抗寒能力，同时可促进浆果成熟，有利于养分向浆果转移，使糖分含量增加。葡萄的养分需求量：每生产1000千克葡萄，需要氮3.7千克、磷0.8千克、钾6.6千克、镁0.7千克、钙4.4千克。

基肥施用：每年葡萄采收后以秋季施入最适宜，及早施肥对于恢复树势、增加贮备营养十分重要。基肥以有机肥为主，与磷、钾肥混合施用。通常采用沟施，沟的深度以葡萄根系的分布情况而定。北方大部分葡萄园植株根系在20～60厘米深处，南方地下水位高的葡萄园，根系多在10～30厘米深处，有机肥应施在根系分布层稍深稍远处。

追肥分为土施和叶面喷施两种。在生长季节每年最少追肥3次，多者可达5次，最主要分为催芽肥、催条肥、坐果肥、着色肥。根据需要可在硬核期加1次。

（1）土施追肥 当年栽植的苗木，待新梢长到20厘米以上时，新根开始大量发生，应追第一次追肥。北方在7月前，连续追施两次以氮肥为主的化肥，促进植株生长；7月以后开始控氮，追施1～2

次磷、钾肥，促进枝条成熟。

葡萄进入结果期后，通常根据树体长相（简称树相）确定催芽肥。秋施基肥数量较大，树势又偏旺，尤其实行短梢修剪的植株，可不施催芽肥；山地、丘陵地等低肥力地区，树势较弱，可适量追施氮肥。

坐果以后，每亩可追施 5 千克高氮水溶性肥料，沙土漏水漏肥地可铺施一些腐熟的有机肥。果实上色始期，浆果进入第二次生长高峰期，追施高钾水溶性肥料能够促进上色增糖，在这期间不可施用氮素化肥，防止新梢二次生长，影响果实成熟上色，枝条成熟。

（2）根外追肥　通常结合防病打药，根据土壤状况和植株表现追施各种叶面肥料。主要在花期、幼果期到膨果期以及成熟期喷施。

354. 龙眼怎样合理施肥？

龙眼（又称桂圆）是多年生常绿果树，定植后，根系不断地从土壤中长期地有选择性地吸收某些营养元素，容易造成某些营养元素亏缺，这在生产上就需要不断补充。据分析，亩产 1000 千克龙眼鲜果的果园，每年要从土壤中吸收氮 4.01～4.8 千克、磷 1.46～1.58 千克、钾 7.54～8.96 千克。

龙眼每年需施肥 3～5 次。第 1 次施肥在采果后，此次施肥非常重要，一定要结合深翻改土，每株施用土杂肥 150～200 千克、人粪尿 50～100 千克、硫酸铵 1～2 千克、过磷酸钙 5～10 千克、硫酸钾 0.5 千克；第 2 次施肥在花芽分化期（2 月上旬），主要是促进花穗发育，每株施用稀粪水 10～15 千克；第 3 次施肥在 3 月中、下旬，主要是增大花穗，促进夏梢抽生，每株可施硫酸铵 1～1.5 千克；第 4 次施肥在幼果形成期，每株施用尿素 1～1.5 千克、硫酸钾 0.3～0.5 千克；第 5 次施肥在果实迅速膨大期，以速效氮肥和钾肥为主，每株施用人粪尿 50～100 千克和硫酸钾 0.3～0.5 千克。

龙眼的幼树施肥，每次新梢停止生长即应施肥。此外，龙眼幼树由于主干木栓层尚未形成，易受冻害，秋施肥以施有机肥和钾肥为主，不施氮素化肥，以增强幼树抗寒性。

355. 枇杷、杨梅怎样施肥？

枇杷为常绿小乔木，需肥量较大，一般每株成年树每年应施农家肥 100～200 千克。枇杷果实含钾最多，氮、磷次之。氮肥施用过多时，果实虽大，但颜色、味道却变淡了；但若钾肥过多，果实含糖量提高了，肉质却变粗硬了。因此施肥时"三要素"比例应适当，一般氮、磷、钾的比例以 4：2.5：3 为合理。成年枇杷树全年施肥量，山地每亩为氮 12.5～15 千克、磷 10～12.5 千克、钾 12.5～15 千克；土层较厚的平地可适当减少；酸性红、黄壤土还应增施石灰。增加土壤有机质是提高枇杷产量、质量的根本措施。

枇杷一年中施肥 3～4 次。第 1 次施肥在春梢抽生前，占全年施肥量的 20%～30%；第 2 次施肥在 3 月下旬至 4 月上旬，以速效氮肥为主；第 3 次施肥在 5 月下旬至 6 月上旬，占全年施肥量的 1/2 以上。在枇杷施肥中，有机肥应与氮、磷、钾肥相结合。氮肥过多，则果实大，味色俱淡；钾肥过多，则糖分增加，但肉质粗硬。施肥采用弧形沟施或放射沟施。

杨梅种植后 4～5 年是树冠形成期，4～5 年后进入结果期，这两个时期所要求的氮、磷、钾的比例是不同的。在种植以后 4～5 年内注重营养生长，要求较多的氮肥和磷肥，促进根系扩大，迅速形成树冠。每亩幼树施纯氮（N）为 3.5 千克、磷（P_2O_5）为 0.9 千克、钾（K_2O）为 3.0 千克，其比例为 100：48：86。进入结果期以后，要求结果与生长平衡发展，对氮、磷、钾的要求与幼树有很大区别，一般亩产在 1000 千克的大树所需氮为 9.2～10.6 千克、磷为 2.3 千克、钾为 12.3 千克，其比例为 100：21：140。同时许多果园常缺锌、钙、硼等微量元素，应增加有机肥料的用量，改善土壤结构，减少水土流失，酌情使用微量元素肥料，进入结果期后要加大施肥用量，否则会导致开花结果太多，果形变小、畸形以及僵果等，丧失商品价值。

第十七节　麻类施肥技术

356. 油用胡麻的需肥特点是什么？怎样合理施肥？

油用胡麻为油用亚麻和油纤兼用亚麻的俗称，是我国华北和西北地区的重要油料作物。胡麻是需肥较多的作物，特别是需氮较多。宁夏农林科学院研究表明，每生产 50 千克胡麻籽实大约从土壤中吸收氮 3.8 千克、磷 0.71 千克、钾 2.54 千克。

氮素吸收在苗期速度较慢，进入枞形期以后明显加快，总体呈现出双驼峰形。其吸收峰值分别出现在出苗后 35～45 天（快速生长期）和出苗后 52～62 天（开花初期），胡麻生长进入现蕾期，氮素的吸收量已占吸收总量的 56.3%，至开花期已占吸收总量的 83.4%。

胡麻对磷素养分的吸收在前期比较缓慢，到枞形期磷素的吸收量仅占全生育期吸收量的 8.3%，进入开花期磷素吸收速度加快，吸收量占全生育期吸收量的 64.6%。胡麻吸收磷素的高峰也是在开花期的 7 天中。

胡麻对钾素营养的吸收与茎秆的增殖有明显的关系。快速生长期是钾素营养吸收速度最快的时期，枞形期钾素营养吸收量占全生育期的 11.9%，快速生长期为 57.6%，以后日趋平稳。生育期中胡麻对大量元素的吸收比例见表 16。

表 16　胡麻不同生长时期氮、磷、钾需肥比例

肥料	苗期	苗期→枞形期	枞形期→快速生长期	快速生长期→现蕾期	现蕾期→开花期	开花期→成熟期
氮(N)	1.00	1.00	1.00	1.00	1.00	1.00
磷(P_2O_5)	0.07	0.43	0.24	0.29	0.63	0.86
钾(K_2O)	0.59	0.77	1.53	0.45	0.28	1.22

胡麻多采用基肥一次施用的施肥制。少量氮肥（硝酸铵）作种肥在播种沟内条施是旱地施用化肥的有效办法。

从施用量上看，除硝酸铵用量可适当增多外，硫酸铵、复合肥料、氯化铵每公顷用量均不宜超过 15 千克氮素。最大经济效益的氮肥投施点为每公顷 132 千克，合理施氮量为每公顷 60～138 千克。

357. 苎麻的需肥特点是什么？

苎麻是我国南方重要的经济作物，据测定，亩产 100 千克苎麻需施纯氮（N）30～35 千克、磷（P_2O_5）10～15 千克，钾（K_2O）20 千克。给苎麻施用氮、磷、钾肥，以氮肥和钾肥增产率大，磷肥次

之。苎麻是多年生宿根性作物，一般每年收获 3 次，加上其根系发达，吸肥能力强，茎叶生长量大，因此，需要吸收较多的肥料才能获得高产。

缺氮时，麻兜发育不良，叶片变黄，植株矮小，分株数和有效分株数少，茎细叶稀，根系生长缓慢，出苗少而迟，纤维层薄；缺磷时，叶片呈暗绿色或灰绿色且缺乏光泽，严重时叶尖、叶缘发生灰色干枯，茎细而脆，麻株成熟缓慢，根系发育不良，纤维品质差；缺钾时，叶片由黄白色斑点扩大成褐斑，叶片枯死，提早脱落，麻株的同化作用减弱，干物质积累少，氮素利用率低，纤维形成会受到影响，致使麻皮变薄，易遭风害而倒伏；缺锌时，麻株生长发育不良。

中国农业科学院麻类研究所对长江中下游流域苎麻的试验测定表明：中产麻（2070 千克/公顷）经济系数为 0.184，生产 100 千克纤维只需吸收氮（N）11.4 千克、磷（P_2O_5）2.62 千克、钾（K_2O）12.8 千克，氮、磷、钾吸收比例为 4∶1∶5；高产麻（2685 千克/公顷）经济系数为 0.136，生产 100 千克纤维需要吸收氮（N）15.3 千克、磷（P_2O_5）3.86 千克、钾（K_2O）21.4 千克，氮、磷、钾吸收比例为 4∶1∶6.5。

高产麻田的施肥水平调查结果为：施氮（N）375 千克/公顷、磷（P_2O_5）90～322.5 千克/公顷、钾（K_2O）172.5～367.5 千克/公顷。与前述吸肥水平比较，氮基本相等，磷、钾偏低，且因地区不同差异较大。

358. 高产优质苎麻怎样施肥？

根据高产优质苎麻的营养水平，还要考虑三季麻"三要素"肥料的不同分配比例状况，在施肥技术上应掌握"重施冬肥、巧施追肥、有机肥与化肥相结合"的原则，施足施好，提高肥效。高产优质苎麻在每公顷冬施有机肥 22500 千克或菜籽饼 750 千克的基础上，再施用氮（N）225～300 千克、磷（P_2O_5）45～90 千克、钾（K_2O）300～375 千克。由试验结果看出，提高施氮水平，产量一般都有明显增加，施用磷、钾肥必须在土壤磷含量＜20 毫克/千克、钾含量＜112.4 毫克/千克或供氮水平高于配施氮时，才有比较明显的增产效果。一般钾肥增产效果大于磷肥增产效果；在施氮肥的基础上配施钾肥，一般都能提高纤维细度。

可增施叶面肥，即在苎麻生长中后期每亩用磷酸二氢钾 0.25～0.3 千克加尿素 0.5 千克，或用硝酸钾 0.5 千克加尿素 1 千克，兑水 50 千克进行叶面喷雾 1～2 次，对增厚麻皮、提高产量效果显著。

359. 亚麻吸肥的特点是什么？

每公顷产亚麻原茎 3000 千克，大约从土壤中吸收氮（N）28.5 千克、磷（P_2O_5）15 千克、钾（K_2O）40.5 千克，氮磷钾比例为 1∶0.5∶1.4。

亚麻吸收肥料的特点，以氮肥肥效最高，但如果过量施用就易发生倒伏、木质部增大及二次生长等，致使纤维率及品质下降。亚麻吸收氮量随生育进程而增加，至开花期为总吸收量的 70％～80％。开花后即使不供给氮对产量影响也不大。因此，亚麻应施用速效氮肥。亚麻生育初期缺磷，则幼苗生育停滞，此后即使供给丰富养分也不能避免减产。因此，磷肥一定要早期施用。亚麻吸收钾的量在"三要素"中最多，钾能促进茎的伸长，有利于形成良好的纤维。

360. 亚麻怎样合理施肥？

亚麻每公顷产原茎 3000 千克、籽实 390 千克，肥力高的黑土地区每公顷施尿素 52.5 千克或硝酸铵 75 千克、重过磷酸钙 52.5 千克或过磷酸钙 172.5 千克；有效磷含量少、肥力低的土壤，每公顷施尿素 120 千克或硝酸铵 162 千克、重过磷酸钙 225 千克或过磷酸钙 735 千克。有机肥的施用应视茬口残肥而定，前茬残肥量大的地块，可不施有机肥；前茬施肥少、地力差的地块，每公顷施有机肥 22500～30000 千克。

亚麻是生育期短、根系发育弱、吸肥能力差、吸肥早而又集中的作物。因此，亚麻施肥一要早、二要好，即早施肥、施好肥。为此，要把有机肥施在亚麻的前茬地里，以便亚麻能利用大量的残肥，满足其早期生长的需要。对前茬施肥少、肥力差的地块，有机肥可在秋翻前施入，翻平耙好耢细，达到播种状态。若秋翻来不及施肥，可在春播前施肥，结合整地耙入土中，耙深不得超过 10 厘米，以防春旱跑墒。

化肥作种肥施用，氮、磷肥最好选用颗粒肥料，与种子拌在一起播入土中。肥、种分播效果更好。亚麻施锌肥，应以拌种肥为主，每1千克种子拌硫酸锌40克。

361. 亚麻怎样配方施肥？

施肥是提高亚麻原茎单产和出麻率的有效措施，但肥料的种类、数量和成分比例对增产效果和经济效益以及亚麻品质的影响又有很大差异。

种植亚麻首先要因土配方施用化肥，如经多点次试验，黑龙江省的中性至偏酸性黑土类型地区，磷肥用量可适当低一些，氮磷钾比例为1：2：1或氮磷比1：2。在轻碱性土壤，磷的比例提高至1：3：1或氮磷比1：3。要根据土壤性质和测土结果合理搭配氮磷钾比例及用量。

其次是应根据亚麻需肥规律和当年预计产量目标确定化肥配比用量。在中等肥力的地块上，氮、磷、钾肥总施用量为75～120千克/公顷。经高产田验证，施氮肥22.5千克/公顷、磷肥45～60千克/公顷、钾肥15～30千克/公顷，亚麻原茎产量可达到4800～5250千克/公顷。

亚麻对微量元素锌和铜十分敏感，用浓度为0.6%的硫酸锌或硫酸铜溶液拌种，对原茎、种子都有增产作用。

根据试验，每公顷施硫酸锌15～22.5千克、硫酸铜12～15千克作种肥施入，硫酸锌增产原茎3.0%～7.7%，硫酸铜增产原茎4.5%～13.5%。硫酸锌和硫酸铜是亚麻栽培中必需的微量元素肥料，建议在生产上广泛推广应用。

根据亚麻生育期短、根系入土浅、吸肥能力弱的特点，种植亚麻应注重从培肥前茬地力着手，将大量有机肥施到亚麻前作中，便于亚麻充分利用前茬耕作层中残留下来的并已分解的大量养分。同时还要结合整地深施化肥，因亚麻根系大多分布在8～10厘米土层中，将化肥深施10厘米左右，可在亚麻根系密集层形成一个局部营养丰富的土壤环境，从而满足亚麻对养分的需要。试验结果表明，氮、磷、钾肥深施8厘米，比浅施4厘米的肥料利用率大幅度提高，原茎增产19.7%。

362. 亚麻耐氯临界值是多少?

联碱工业的副产品氯化铵的应用,盐湖钾肥的开发应用,以及进口氯化钾数量的增加,促进了含氯化肥在我国的应用,这样既增加了粮食产量,又将大量的氯离子带入农田。氯作为一种植物必需的营养元素早已被肯定,但是过量施用含氯化肥对植物是否产生毒害作用,多大浓度能产生毒害作用,就是需要解决的问题。

氯离子浓度达到 3200 毫克/千克时,对出苗有严重的抑制作用;1000~1600 毫克/千克时的影响不大。但到快速生长期时,氯离子浓度大于 800 毫克/千克时便对亚麻生长产生抑制作用。不同浓度的氯离子对亚麻产量的影响:0 毫克/千克、100 毫克/千克、200 毫克/千克、400 毫克/千克处理的原茎产量差异不大,但达到 500 毫克/千克时对产量的影响较显著。

亚麻是一种纤维作物,其经济价值主要体现在纤维上,因此,原茎的高度、工艺长度、出麻率应为其主要品质指标。从试验数据可以看出,氯离子浓度小于 800 毫克/千克时对亚麻的工艺性状影响不大,到 1600 毫克/千克时才明显受到影响,说明在适宜的浓度范围内,氯对亚麻品质无不良影响。

由此可见,在适宜的浓度范围内,氯离子不影响亚麻的产量和质量,过量的氯离子在苗期就对亚麻的生长发育有严重的抑制作用。500 毫克/千克氯离子浓度为亚麻的耐氯临界值,0~500 毫克/千克为安全浓度,超过 500 毫克/千克为毒害浓度,3200 毫克/千克为致死浓度。氯离子在亚麻体内的积累随施氯量的增加而增加,主要集中在原茎中,种子中积累的氯很少,且不受施氯浓度的影响。

第十八节 其他作物施肥技术

363. 茶树的营养特点是什么?

氮素是茶树需求量最大的矿质元素,缺氮条件下,茶树干物质积累量下降,叶片的 CO_2 同化速率、气孔导度都显著下降,胞间 CO_2

浓度显著增加。茶树的叶子中含氮量很高，一般春茶含氮 5％～6％，夏、秋茶含氮 3％～4％。每采收 100 千克干毛茶，要带走 4.5 千克左右的氮。

适宜的施氮量能提高茶叶中的游离氨基酸、咖啡碱、水浸出物和叶绿素的含量，增加茶叶香气物质种类。适量施氮有利于 AM 真菌的侵染和菌根发育，进而促进茶树对 N、P、K 的吸收，增加茶叶中可溶性糖和可溶性蛋白的含量，降低酚氨比。但施氮过量却会抑制菌根发育。

磷对茶树的生理活动、茶叶产量和品质都有重要影响。在茶树各器官中，磷含量为根＞叶＞茎，施磷能明显提高茶树磷的含量，增加茶叶产量，当土壤中磷的含量达到一定浓度后，继续施磷茶树干物质也不再增加。茶树芽叶中磷的含量为 0.8％～1.2％，其中 80％以有机态磷的形态存在，20％以无机态磷的形态存在。

钾是茶树生长的一个重要限制因素。缺钾条件下茶树生物量、叶片钾含量、叶绿素、叶片 CO_2 同化速率、气孔导度、水分利用率等都显著下降，而胞间 CO_2 浓度会显著升高。施用钾肥能增加游离氨基酸、水浸出物的含量，也会增加异戊烯二磷酸类、苯丙氨酸类挥发性物质和 β-苯乙醇等的含量。

铝是茶树的非必需元素，但茶树却被称为聚铝性作物。茶树体内的铝大多以有机态或螯合态形式存在，而且茶树老叶具有强积累铝的特性。适量施铝可以促进茶树的生长，有利于茶树根细胞膜的稳定，促进茶树对铝的吸收与积累，对氟、磷、钾、铜和铁的吸收，提高叶绿素的含量。

364. 茶树怎样施肥？

茶树是多年生长的常绿作物，全年都要吸收一定数量的养分。因树龄、树势、产量要求、茶园土壤、茶树品种、种植方式不同，施肥的方法和数量不同，应遵循"注重基肥，巧施追肥，平衡施肥，适当深施"的施肥原则。生产期的茶树因茶叶的采摘，养分消耗大，应以氮肥为主，配施磷、钾肥。在夏秋高温季节和冬季，为抵御不良环境影响，应增施磷、钾肥。推广使用营养全面的复合肥和茶树专用肥，配合叶面施肥。另外要做到前促后控。

（1）磷、钾肥作基肥　秋末冬初在茶园施用的肥料统称"基肥"。此时茶树地上部分进入休止期，根系仍在活动，但对养分吸收较为缓慢。如施用腐熟的有机肥，最好是腐熟饼肥或磷、钾肥配合施用。施基肥宜早不宜迟，以在茶季结束后立即施用为好。

（2）氮素化肥作追肥　氮与茶叶产量关系最为密切，合理施用时增产效果显著。

（3）催芽肥　茶树春季长势猛，生长量大，茶叶产量高，品质亦好。为了促进新梢早发、多发、发齐发壮，及时施用催芽肥对提高全年产量和品质极为重要。施催芽肥的时间可根据茶树新梢生育物候期来确定，据杭州龙井茶区经验，催芽肥在茶芽处于鳞片开展至鱼叶开展期施用较为恰当。施肥量要根据树龄和茶叶产量而定。

（4）夏、秋茶的追肥　茶树经过春季的旺长和采摘以后，消耗了不少营养物质，必须加以补充才能保证夏茶增产。所以春茶结束后，就应及时进行第二次追肥，夏茶结束后要立即进行第三次追肥。南部茶区温度高、雨量大、采摘时间长、发芽轮次多的，追肥次数还要适当增加。

（5）根外追肥　茶树具有庞大的根系，对养分吸收能力较强，茶树施肥应以根部施肥为主。根外追肥是经济用肥的措施。可用 $0.5\% \sim 1\%$ 的尿素或 $1\% \sim 2\%$ 的过磷酸钙进行喷施。根外施肥要选择在阴天或傍晚进行，叶片正反两面都要喷匀喷透，尤其是叶背面要多喷，因为叶背面蜡质层薄而且气孔多，吸收力强。